PC技術規準シリーズ

貯水用円筒形PCタンク設計施工規準

社団法人 プレストレストコンクリート技術協会 編

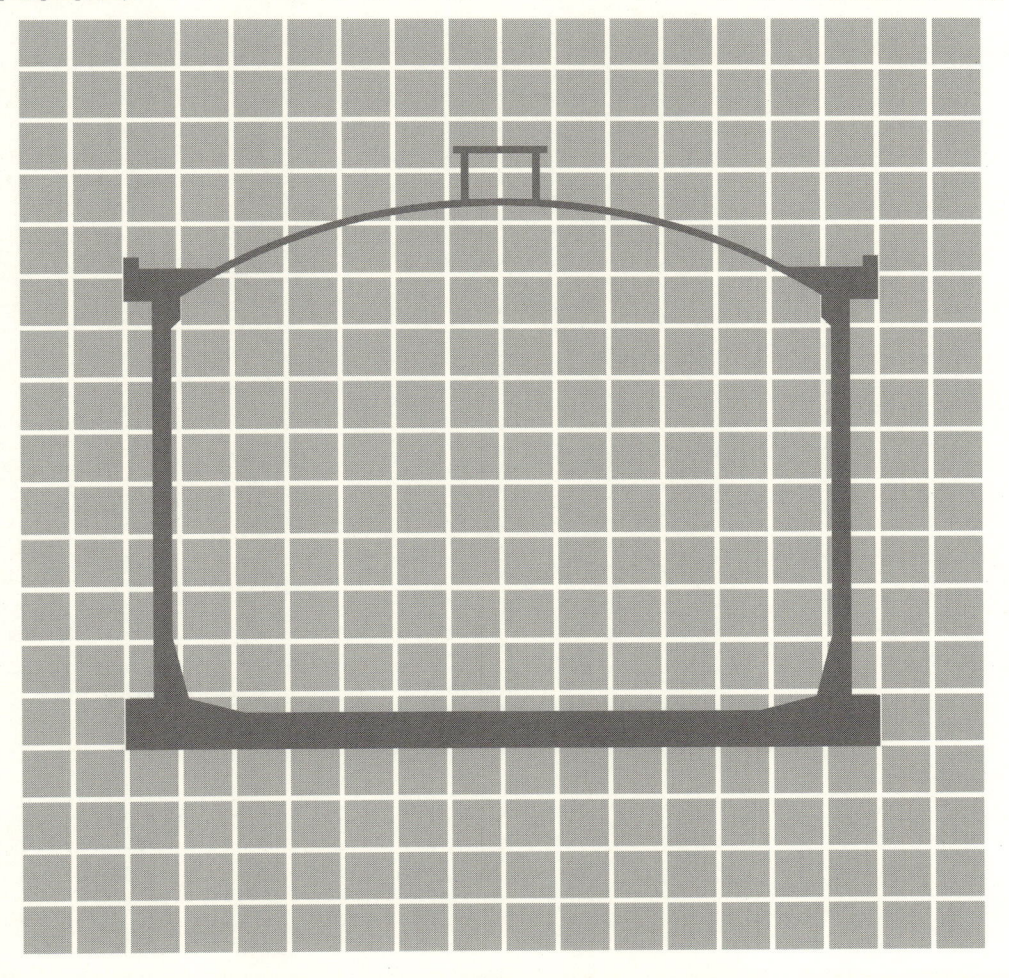

技報堂出版

まえがき

　プレストレストコンクリート技術協会は，PC の普及と振興を図る目的で，土木学会，日本建築学会，農業土木学会の有志により昭和 33 年（1958 年）に設立された。同時に本協会は国際プレストレストコンクリート連合（FIP）に日本を代表して加入し，国際交流が図られてきた。FIP はその後ヨーロッパ・国際コンクリート委員会（CEB）と統合し，新たに国際構造コンクリート連合（fib）として組織され，日本では本協会と日本コンクリート工学協会とが共同して加盟しており，新組織での第 1 回大会が平成 14 年（2002 年）に大阪市で開催された。

　本協会内における諸規準の整備は，平成 6 年（1994 年）から平成 12 年（2000 年）にかけて PC 関係各社からの受託により「PC 技術規準研究委員会」を設けて調査・研究を行い，以下に示す成果を規準（案）およびマニュアルとしてとりまとめたことに端を発している。

　PPC 構造設計施工規準（案）　平成 8 年 3 月
　外ケーブル構造・プレキャストセグメント工法設計施工規準（案）　平成 8 年 3 月
　複合橋設計施工規準（案）　平成 11 年 12 月
　PC 構造物耐震設計規準（案）　平成 11 年 12 月
　PC 斜張橋・エクストラドーズド橋設計施工規準（案）　平成 12 年 11 月
　PC 吊床版橋設計施工規準（案）　平成 12 年 11 月
　PC 橋の耐久性向上マニュアル　平成 12 年 11 月

　平成 13 年（2001 年）からは，これらの成果のメンテナンスおよび技術の進歩・発展に備えるため，改めて協会内に常設の委員会として「PC 技術規準委員会」を設置し，対応することとなった。また，成果は出版物として一般に市販するというかたちで外部へ発信することも決定され，その最初の成果として本年 6 月に「外ケーブル構造・プレキャストセグメント工法設計施工規準」を発刊した。今回はそれに続く PC 技術規準シリーズとして，「複合橋設計施工規準」に続いて本規準である「貯水用円筒形 PC タンク設計施工規準」を発刊することとなった。

　本規準はこれまでに発刊した規準とは異なり，全く新規に PC 容器規準作成委員会を設立して起草が始められ，ようやくここに規準としてとりまとめられたものである。

　本規準の発刊にあたっては，PC 容器規準作成委員会の吉岡民夫委員長，横山博司幹事長をはじめとする委員および幹事各位に多大のご努力を賜った。ここに深甚の謝意を表する次第である。

平成 17 年 11 月

　　　　　　　　　　　　　　　　　　　　　　　　　（社）プレストレストコンクリート技術協会
　　　　　　　　　　　　　　　　　　　　　　　　　　　　　　PC 技術規準委員会
　　　　　　　　　　　　　　　　　　　　　　　　　　　　　　　委員長　池田　尚治

序

　1995年の阪神淡路大震災のあとに，被災地および周辺地域での300基以上のPCタンクの被災状況を調査したところ，震度7を記録した所に設置され，地震前から漏水していたPCタンクのひび割れが拡大して漏水した例と，震央とはかなり離れ，周辺の構造物には一切被害が無かった場所に設置された，設計上問題があったPCタンクに漏水の被害があった以外は，雨樋が落ちるなどの軽微な被害があっただけで，PCタンクの機能を失うような被害は一切無かった。また，過去の大地震においても，ごく一部の問題があったタンク以外は，ほとんど被害を受けておらず，健全なPCタンクがどのように破壊に至るかの経験は皆無である。

　そもそも，巨大地震時にそのエネルギーを吸収するのは，コンクリートのひび割れや鋼材の降伏である。しかし，貯水性を主たる性能とするPCタンクにおいて，地震エネルギーを吸収するような大きなひび割れや，鋼材の降伏が生じれば，それは自ずと貯水性という主要性能を失うこととなって，地震後に飲み水や消火用の水を供給することが出来ない。

　阪神大震災の後，それまで想定して無かったような巨大地震に対して，PCタンクを設計する必要性に迫られた。その要求性能たる貯水性を確保するには，強度設計しかないのではないかという意見もあったが，レベル2地震に対して強度設計すれば，経済性に与える影響が甚大すぎるのではないかと危惧された。そもそも，上述したように兵庫県南部地震ではほとんど被害を受けていないのに，断面や鋼材を無闇に増加するのは妥当ではないと考えられた。

　上述のような観点から，今回のPCタンク耐震規準作成に当たった。その結果，主に材料の非線形性を考慮した動的解析を実施することが最も妥当であると言う結論に達したが，非線形動的解析の現況を鑑みて，静的解析でも安全側に耐震設計できる規準とした。

　この規準の特長は，上述の耐震規準に加えて，従来記述されてなかった基礎に言及し，また，従来，屋根，側壁および底版を分離した解析が主流であったのを，それらを一体とした有限要素法解析を実施することを強く推奨することとしたことである。また，できる限り性能照査型の記述になるよう心がけた。

　最後に，この規準作成に多大なご尽力をいただいた鈴木先生，吉川先生をはじめとする各委員の皆様，PC技術規準委員会および規準作成作業に当たられた委員の皆様に心中よりの謝意を表する。

平成17年11月

プレストレストコンクリート技術規準委員会
PC容器規準作成委員会
委員長　吉岡　民生
幹事長　横山　博司

プレストレストコンクリート技術協会
PC技術規準委員会　委員構成
（平成17年度）

委員長　　池田　尚治　　（複合研究機構）
副委員長　山﨑　　淳　　（日本大学）
委　員　　安部　　要　　（大林組）
　　　　　石川　　育　　（大成建設）
　　　　　出雲　淳一　　（関東学院大学）
　　　　○大塚　一雄　　（鹿島建設）
　　　　○春日　昭夫　　（三井住友建設）
　　　　　河野　広隆　　（土木研究所）
　　　　　酒井　秀昭　　（中日本高速道路）
　　　　○菅野　昇孝　　（富士ピー・エス）
　　　　　多久和　勇　　（復建エンジニヤリング）
　　　　　椿　　龍哉　　（横浜国立大学）
　　　　　手塚　正道　　（オリエンタル建設）
　　　　　二羽淳一郎　　（東京工業大学）
　　　　　星野　武司　　（八千代エンジニヤリング）
　　　　　本間　淳史　　（中日本高速道路）
　　　　○前田　晴人　　（日本構造橋梁研究所）
　　　　　前原　康夫　　（八千代エンジニヤリング）
　　　　　宮川　豊章　　（京都大学）
　　　　　睦好　宏史　　（埼玉大学）
　　　　○森　　拓也　　（ピーエス三菱）
　　　　　横山　博司　　（安部工業所）

（○印：委員兼幹事，平成17年現在，五十音順，敬称略）

プレストレストコンクリート技術協会
PC容器規準作成委員会　委員構成
（平成17年度）

委 員 長	吉岡　民夫	（オリエンタル建設）
委　　員	鈴木　基行	（東北大学）
	吉川　弘道	（武蔵工業大学）
	伊藤　　睦	（中部大学）
	勝山　信春	（日水コン）
	後藤　昌弥	（日本上下水道設計）
幹 事 長	横山　博司	（安部工業所）
	○石井　祐二	（三井住友建設）
	○井上　浩之	（安部工業所）
	○猪川　　充	（富士ピー・エス）
	○今村　晃久	（ドーピー建設工業）
	○堅田　茂昌	（安部工業所）
	○近藤　真一	（三井住友建設）
	○佐東　有次	（富士ピー・エス）
	○坂本　剛士	（オリエンタル建設）
	○鈴木　雅博	（ピーエス三菱）
	○中村　泰介	（大成建設）
	○桝本　恵太	（鹿島建設）
旧 委 員	岡島　武博	（ドーピー建設工業）
	丸山　哲司	（ドーピー建設工業）
連絡幹事	菅野　昇孝	（富士ピー・エス）
	前田　晴人	（日本構造橋梁研究所）

（○印：委員兼幹事，平成17年現在，五十音順，敬称略）

目　次

Ⅰ　貯水用円筒形 PC タンク設計施工規準編

1章　総　則 ─────────────────────────── 2

   1.1　適用の範囲 ……………………………………………………………… 2
   1.2　要求性能 ………………………………………………………………… 3
   1.3　用語の定義 ……………………………………………………………… 3
   1.4　記　号 …………………………………………………………………… 4
   1.5　関連規準 ………………………………………………………………… 6

2章　照査の基本 ─────────────────────────── 8

   2.1　一　般 …………………………………………………………………… 8
   2.2　設計耐用期間 …………………………………………………………… 8
   2.3　照査の前提 ……………………………………………………………… 8
   2.4　照査の原則 ……………………………………………………………… 8
   2.5　限界状態 ………………………………………………………………… 9
   2.6　安全係数 ………………………………………………………………… 10

3章　材料の設計値 ────────────────────────── 11

   3.1　一　般 …………………………………………………………………… 11
   3.2　コンクリート …………………………………………………………… 11
      3.2.1　強　度 …………………………………………………………… 11
      3.2.2　コンクリートの応力-ひずみ曲線 …………………………… 12
      3.2.3　コンクリートのヤング係数 …………………………………… 13
      3.2.4　コンクリートのポアソン比 …………………………………… 13
      3.2.5　コンクリートの熱特性 ………………………………………… 13
      3.2.6　コンクリートの収縮 …………………………………………… 13
      3.2.7　コンクリートのクリープ ……………………………………… 14
   3.3　鋼材の設計値 …………………………………………………………… 14
      3.3.1　鋼材の強度 ……………………………………………………… 14

  3.3.2 鋼材の応力-ひずみ曲線 …………………………………………………………… 15
  3.3.3 鋼材のヤング係数 ……………………………………………………………………… 15
  3.3.4 鋼材のポアソン比 ……………………………………………………………………… 15
  3.3.5 鋼材の熱膨張係数 ……………………………………………………………………… 16
  3.3.6 PC鋼材のリラクセーション ………………………………………………………… 16

4章 荷 重 —————————————————————————————————— 17

 4.1 一 般 …………………………………………………………………………………… 17
 4.2 荷重の種類 …………………………………………………………………………… 17
  4.2.1 自 重 ……………………………………………………………………………… 17
  4.2.2 静水圧 ……………………………………………………………………………… 18
  4.2.3 プレストレス力 …………………………………………………………………… 18
  4.2.4 コンクリートのクリープおよび収縮の影響 ………………………………… 18
  4.2.5 土 圧 ……………………………………………………………………………… 19
  4.2.6 温度の影響 ………………………………………………………………………… 19
  4.2.7 風荷重 ……………………………………………………………………………… 19
  4.2.8 雪荷重 ……………………………………………………………………………… 20
  4.2.9 地下水圧 …………………………………………………………………………… 20
  4.2.10 積載荷重 ………………………………………………………………………… 20

5章 構造解析 ————————————————————————————————— 21

 5.1 一 般 …………………………………………………………………………………… 21
 5.2 供用限界状態を検討するための応答値の算定 ……………………………………… 21
 5.3 終局限界状態を検討するための応答値の算定 ……………………………………… 22

6章 供用性の照査 —————————————————————————————— 23

 6.1 一 般 …………………………………………………………………………………… 23
 6.2 RC部材 ……………………………………………………………………………… 23
  6.2.1 応力度の算定 ……………………………………………………………………… 23
  6.2.2 応力度の制限値 …………………………………………………………………… 23
  6.2.3 曲げひび割れ幅の算定 …………………………………………………………… 24
  6.2.4 ひび割れ幅の限界値 ……………………………………………………………… 24
 6.3 PC部材 ……………………………………………………………………………… 25
  6.3.1 応力度の算定 ……………………………………………………………………… 25
  6.3.2 応力度の制限値 …………………………………………………………………… 26

  6.3.3 引張応力度の限界値 ··· 26
  6.3.4 施工時における検討 ··· 27

7章　構造安全性の照査 —————————————————————————— 28

 7.1 一　般 ··· 28
 7.2 設計断面耐力の算出 ·· 28

8章　耐震性の照査 ——————————————————————————— 30

 8.1 一　般 ··· 30
 8.2 耐震設計の原則 ··· 30
 8.3 PCタンクの耐震性能と限界状態 ·· 31
  8.3.1 原　則 ·· 31
  8.3.2 耐震性能と限界状態 ··· 32
 8.4 地震外力 ·· 32
  8.4.1 一　般 ··· 32
  8.4.2 照査に用いる地震動 ··· 32
  8.4.3 耐震設計上の地盤種別 ·· 33
  8.4.4 静的解析で地震外力を定めるための固有周期の算定方法 ················· 34
  8.4.5 耐震設計上の地盤面 ··· 34
 8.5 耐震設計上考慮すべき荷重 ··· 35
 8.6 地震の影響 ··· 35
  8.6.1 一　般 ··· 35
  8.6.2 地震時動水圧 ·· 36
  8.6.3 地震時土圧 ··· 36
 8.7 応答値の算定 ·· 37
  8.7.1 一　般 ··· 37
  8.7.2 解析方法 ·· 37
  8.7.3 解析モデル ··· 38
  8.7.4 静的線形解析に用いる構造物特性係数 ··· 39
 8.8 ひび割れ発生もしくはひび割れ幅の限界値 ··· 39
 8.9 残留ひび割れ幅の限界値 ·· 39
 8.10 断面破壊に対する照査 ··· 40

9章　耐久性の照査 ——————————————————————————— 42

 9.1 一　般 ··· 42

  9.2 耐久性の照査項目 ··· 42
  9.3 耐久性の照査項目に対する限界値 ·· 42
   9.3.1 ひび割れ幅の限界値 ·· 42
   9.3.2 環境作用の限界値 ··· 43

10章 基礎の設計 ─────────────────────────── 45

  10.1 一　般 ·· 45
  10.2 設計の基本事項 ·· 45
  10.3 地震外力 ·· 45
  10.4 荷重および地震の影響 ·· 46
  10.5 応答値の算定 ··· 46
  10.6 構造物特性係数 ·· 46
  10.7 直接基礎の設計における限界値 ·· 46
  10.8 杭基礎の設計における限界値 ··· 47

11章 一般構造細目 ─────────────────────────── 49

  11.1 緊張材 ·· 49
   11.1.1 あ　き ··· 49
   11.1.2 かぶり ·· 50
   11.1.3 緊張材の湾曲部 ··· 51
   11.1.4 定着具および接続具の配置 ··· 51
   11.1.5 定着具の保護 ·· 52
   11.1.6 定着具付近のコンクリートの補強 ·· 52
  11.2 鉄　筋 ·· 52
   11.2.1 あ　き ··· 52
   11.2.2 かぶり ·· 53
   11.2.3 用心鉄筋 ··· 53
   11.2.4 溶接金網 ··· 53
  11.3 継　目 ·· 54
   11.3.1 打継目 ·· 54
   11.3.2 プレキャスト部材の継目 ·· 54
  11.4 開口部の補強 ··· 55

12章　PCタンク施工 ——————————————————————— 56

 12.1　一般 ——————————————————————— 56
 12.2　緊張工 ——————————————————————— 57
 12.3　施工段階におけるひび割れ ——————————————————————— 58
 12.4　防水工および防食工 ——————————————————————— 58
  12.4.1　防水工 ——————————————————————— 58
  12.4.2　防食工 ——————————————————————— 58

13章　付帯設備 ——————————————————————— 59

 13.1　付帯設備の種類 ——————————————————————— 59
 13.2　避雷針 ——————————————————————— 59
 13.3　換気装置 ——————————————————————— 60
 13.4　越流管 ——————————————————————— 60
 13.5　流入管 ——————————————————————— 60
 13.6　排泥管 ——————————————————————— 60
 13.7　流出管 ——————————————————————— 61

Ⅱ　貯水用円筒形PCタンク設計マニュアル編

1　一般 ——————————————————————— 64

2　要求性能，限界状態および耐用期間の設定 ——————————————————————— 66

3　PCタンクの構造 ——————————————————————— 68

 3.1　屋根部の構造 ——————————————————————— 68
 3.2　側壁部の構造 ——————————————————————— 70
 3.3　底版部の構造 ——————————————————————— 75

4　設計荷重 ——————————————————————— 77

5　構造解析 ——————————————————————— 78

6　供用性の照査 ——————————————————————— 82

  6.1 一　般 ··· 82
  6.2 RC 部材の照査 ··· 82
  6.3 PC 部材の照査 ··· 83
  6.4 応力度の制限値 ·· 83

7 構造安全性の照査 ─────────────────────────── 84

8 耐震性の照査 ────────────────────────────── 85

  8.1 一　般 ··· 85
  8.2 地震動 ··· 86
  8.3 耐震性能の照査 ·· 87

9 耐久性の照査 ────────────────────────────── 91

10 基礎の安全性照査 ─────────────────────────── 92

  10.1 一　般 ·· 92
  10.2 基礎の設計作用力 ··· 92
  10.3 直接基礎 ··· 92
  10.4 杭基礎 ·· 94

Ⅲ 貯水用円筒形 PC タンク施工マニュアル編

1 一　般 ──────────────────────────────────── 98

2 土工事 ──────────────────────────────────── 100

3 基礎工事 ─────────────────────────────────── 101

4 底版工事 ─────────────────────────────────── 102

5 側壁工事 ─────────────────────────────────── 104

6 PC 工事 ─────────────────────────────────── 106

  6.1 緊張工 ·· 106
  6.2 PC グラウト工 ·· 107

  6.3 アンボンドおよびプレグラウト PC 鋼材の施工 ……………………………… 107

7 屋根工事 — 108

8 塗装工事 — 110

  8.1 防水工 ……………………………………………………………………… 110
  8.2 防食工 ……………………………………………………………………… 110

Ⅳ 付録：貯水用円筒形 PC タンク非線形解析事例

1 概　要 — 112

2 解析に用いた PC タンクとモデル化 — 113

  2.1 解析対象 PC タンク ……………………………………………………… 113
  2.2 解析モデル ………………………………………………………………… 114
  2.3 解析条件 …………………………………………………………………… 115

3 静的非線形解析 — 117

  3.1 荷重条件 …………………………………………………………………… 117
  3.2 解析結果 …………………………………………………………………… 117

4 動的非線形解析 — 118

  4.1 荷重条件 …………………………………………………………………… 118
  4.2 荷重と地震動 ……………………………………………………………… 118
  4.3 解析結果 …………………………………………………………………… 119
  4.4 静的解析と動的解析の比較 ……………………………………………… 120
  4.5 まとめ ……………………………………………………………………… 121

I 貯水用円筒形PCタンク設計施工規準編

1章　総　則

1.1　適用の範囲

（1）　本規準はプレストレストコンクリート製円筒形タンクの要求性能の照査の原則を示すとともに，照査の前提条件である構造細目を規定したものである。

（2）　本規準で定めるプレストレストコンクリート製円筒形タンクは，地上に建設される貯水を目的とした，少なくとも側壁円周方向にPC鋼材を配置し，プレストレスを導入する円筒形タンクとする。

【解　説】
（2）について　　プレストレストコンクリート製円筒形タンク（以下PCタンクという）が設置される場所としては地盤上・地盤中・高架上が考えられるが，本規準で扱う範囲は地盤上に設置される地上式とする。また，本規準は貯水を目的とした容量30 000m³以下の水道用水および農業用水を貯蔵するPCタンクについて適用するものとする。

ただし，30 000m³以上のPCタンクについても，実状に応じ必要かつ適正な補正を行うことにより，この規準を準用することができる。

なお，本規準の規定中「一般的形状のPCタンク」とあるのは，直径（D）に対する水深（H）の比（D/H）が1.0～3.0程度のものをいう。

一般にPCタンクは，解説 図1.1.1に示すように屋根，側壁，底版の3部材と基礎からなり，各部材および基礎の機能は以下の通りである。

屋根：側壁上部に設けた覆い。外部から水，ほこり，ゴミ等の侵入を防ぎ，また日射を遮る目的で設けられる部材。

側壁：底版上に設けた円筒シェル。内容水を貯蔵するための構造部材。

底版：側壁下部に設けた円版。上部の荷重による基礎の変形や沈下にその剛性で抵抗すると同時

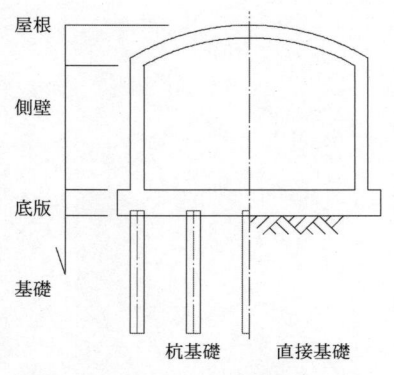

解説 図1.1.1　PCタンクの構成要素

に，側壁と一体となって内容水を貯蔵する部材．
　基礎：PCタンク構造体を支持するものであり，主に直接基礎および杭基礎が用いられる．

1.2　要求性能

　PCタンクに要求される性能は，一般に供用性，構造安全性，耐震性および耐久性とし，対象とするタンクの使用目的，重要性，設置位置の環境などを考慮し，その都度定めるものとする．

【解　説】
一般的要求性能は以下のようなものである．
（ⅰ）　供用性
　PCタンクに要求される供用性には，貯水性能および防水性能がある．
貯水性能：タンクに貯められた水がひび割れや打継ぎ目等を通して外部に漏洩しない性能．
防水性能：飲料水等が外部から汚染されない性能．
（ⅱ）　構造安全性
　構造安全性とは，構造物が急激に崩壊し，貯められた水が急激に漏洩し，二次災害を起こすことのない性能．
（ⅲ）　耐震性
　耐震性とは，地震時の構造物の安全性を確保するとともに，人命の損失を生じさせるような破滅的な損傷を防ぐこと，および，地域住民の生活や生産活動に支障を与えるような機能の低下を極力抑制する性能．
（ⅳ）　耐久性
　耐久性とは，設計耐用年数の間に，構造物の所要の性能が阻害されない性能．
　ここに示した要求性能は，1.1節に示す適用範囲内の構造物に一般に求められる性能であって，場合によってはここに示していない性能を要求される場合もある．

1.3　用語の定義

　本規準の用語を次のように定義する．
プレストレストコンクリート製円筒形タンク――屋根，円筒形側壁，底版からなり，少なくとも側壁の円周方向にはPC鋼材が配置され，プレストレスが導入される構造のコンクリート製タンク．
永久荷重――常時作用する荷重．
変動荷重――タンク築造地点の自然条件等によって変動し作用する特別な荷重．
満水時――PCタンク内の水が設計上の高水位（H.W.L）まで上がった状態．
空水時――PCタンク内に水が無い状態．
慣性力――物体の重量と設計震度の積で与えられる力．

動水圧——地震の影響により生じる水圧。
震度法——地震荷重を構造物に静的に作用させて計算する耐震設計法。
水面動揺——地震の比較的長周期成分に応答して生ずる自由水面の振動。
衝撃圧——地震の短周期成分に応答する動水圧。
振動圧——地震の比較的長周期成分に応答する動水圧。
固定水——タンクと一体となって振動する,固定重量とみなせる内容水の一部。
自由水——水面動揺に関する自由に振動する内容水の一部。
球形ドーム——球の一部を切り取った形状の球面シェル。
ドームリング——球形ドームなどの屋根の裾における半径方向の変位を制御するために,裾に沿って設けた環状の梁。
ライズスパン比——ドーム軸線の両起点を結ぶ線から頂点までの高さのドームスパンに対する比。
自由支持——底版に対して側壁の回転および水平方向変位を許す側壁下端と底版との結合方法。
ヒンジ支持——底版に対して側壁の回転を許す側壁下端と底版との結合方法。
固定支持——底版に対して側壁の回転および水平方向変位を許さない側壁下端と底版との結合方法。
余裕圧縮力——水圧作用時に側壁円周方向に残留するプレストレス力。
フープテンション——水圧などで発生する円周方向軸引張力。
余裕高——設計上の高水位から側壁上端までの距離。
ピラスター——円周方向に配置したPC鋼材を定着するために側壁の母線に沿って設けた突起。
耐震ケーブル——自由支持の時に用いる地震時のせん断力を受けもつための特殊な耐震用アンカー。
リングプレート——主として側壁からの力を地盤に伝える底版の外周部分。
円版部分——底版のリングプレート部分を除いた部分。

【解　説】

　ここでは,PCタンク特有の用語の定義のみを示した。プレストレストコンクリートに関する一般的用語については,「コンクリート標準示方書【構造性能照査編】」(土木学会)の定義にしたがっているので同示方書1章1.2節の用語の定義を参照。

1.4　記　　号

　本指針では,PCタンクの設計計算に使用する記号を次のように定める。

　　　　A　：断面積
　　　　A_a　：支圧を受ける面積
　　　　A_c　：コンクリート面の断面積

1章 総則

A_p ：PC鋼材の断面積
A_s ：鉄筋の断面積
c ：かぶり
$c_{\min}$ ：最小かぶり
C_s ：構造物特性係数
E ：ヤング係数
E_c ：コンクリートのヤング係数
E_p ：PC鋼材のヤング係数
E_s ：鉄筋のヤング係数
f'_a ：コンクリートの支圧強度
f_b ：コンクリートの曲げ強度
f_{b0} ：コンクリートの付着強度
f'_c ：コンクリートの圧縮強度
f'_k ：材料強度の特性値
f'_{ck} ：コンクリートの圧縮強度の特性値，設計基準強度
f_{pu} ：PC鋼材の引張強度
f_{py} ：PC鋼材の降伏強度
f_t ：コンクリートの引張強度
f_u ：鋼材の引張強度
f_{vy} ：鉄筋のせん断降伏強度
f_y ：鉄筋の引張降伏強度
f'_y ：鉄筋の圧縮降伏強度
h ：断面高さ
H ：タンクの全水深
H_i ：i番目の地層の厚さ
k_h ：設計水平震度
k_{h1} ：レベル1地震動に用いる設計水平震度
k_{h2} ：レベル2地震動に用いる設計水平震度
k_{v1} ：レベル1地震動に用いる設計鉛直震度
M ：曲げモーメント
M_u ：曲げ耐力
q_0 ：液体の単位体積重量
q_1 ：壁体の単位体積重量
R ：側壁の半径
R_d ：設計断面耐力
S_d ：設計断面力
T ：PCタンクの満水時固有周期
T_G ：地盤の特性値

t ：側壁厚

V_{si} ： i 番目の地層の平均せん断弾性波速度

γ_a ：構造解析係数

γ_b ：部材係数

γ_f ：荷重係数

γ_i ：構造物係数

γ_m ：材料係数

ε'_c ：コンクリートの圧縮ひずみ

ε'_{cc} ：コンクリートの圧縮クリープひずみ

ε_{cs} ：コンクリートの収縮ひずみ

ε'_{cu} ：コンクリートの終局圧縮ひずみ

θ ：地震作用方向から反時計廻りにとった角度

σ_c ：コンクリートの応力度

σ'_{cp} ：断面に作用する圧縮応力度

σ_{pe} ：PC 鋼材位置のコンクリート応力度が 0 の状態からの PC 鋼材応力度の増加量

σ_{se} ：鉄筋位置のコンクリート応力度が 0 の状態からの鉄筋応力度の増加量

ϕ ：コンクリートのクリープ係数

【解 説】
　同じ記号を異なる意味に使用している箇所や本項に示されていない記号を用いているところもあるが，これらの記号については，それぞれの章において説明を加えている。

1.5　関連規準

　本規準では，以下の各規準を参照している。本規準に規定されていない事項については，各関連事業者が定める規定によるものとする。
- 水道用プレストレストコンクリートタンク設計施工指針・解説 1998 年版，日本水道協会
- 水道施設設計指針・解説 2000 年版，日本水道協会
- 水道施設耐震工法指針・解説 1997 年版，日本水道協会
- 土地改良事業設計指針ファームポンド 平成 11 年 3 月，農林水産省構造改善局建設部
- 容器構造設計指針・同解説，1996 年 10 月，日本建築学会
- コンクリート標準示方書［構造性能照査編］ 2002 年版，土木学会
- コンクリート標準示方書［耐震性能照査編］ 2002 年版，土木学会
- コンクリート標準示方書［施工編］ 2002 年版，土木学会
- 原子力発電所屋外重要土木構造物の耐震性能照査指針・マニュアル，2005 年 6 月，土木学会
- 道路橋示方書［Ⅰ共通編］・同解説，平成 14 年 3 月，日本道路協会

- 道路橋示方書［Ⅲコンクリート橋編］・同解説，平成 14 年 3 月，日本道路協会
- 道路橋示方書［Ⅳ下部構造編］・同解説，平成 14 年 3 月，日本道路協会
- 道路橋示方書［Ⅴ耐震設計編］・同解説，平成 14 年 3 月，日本道路協会
- PC 構造物耐震設計規準（案），平成 11 年 12 月，プレストレストコンクリート技術協会
- PPC 構造設計規準（案），平成 8 年 3 月，プレストレストコンクリート技術協会
- LNG 地上式貯槽指針，平成 14 年 8 月，日本ガス協会

【解　説】
　本規準に規定されていない事項については，必要に応じて条文に示した関連規準によるものとする。

2章　照査の基本

2.1　一　般

　PCタンクでは，その設計耐用期間中を通じて，要求された性能を満足することを確認しなければならない。

【解　説】
　本章は一般的なPCタンクの要求性能の照査方法を示すものである。特殊な場合には，この章の項目を適用することが必ずしも適切でない場合もある。したがって，設計荷重を想定した実験あるいは精度と適用範囲が確認された数値解析等を用いて構造性能が確認できる場合には，この章で示す標準的な性能照査方法に従わなくても良い。

2.2　設計耐用期間

　PCタンクの設計耐用期間は，要求される供用期間と維持管理の方法，環境条件および構造物に求める耐久性能，経済性を考慮して定めるものとする。

【解　説】
　PCタンクの内部は常に水に接しており一般の構造物に比べ耐久性に影響する環境はより厳しいものである。水道用PCタンクでは水に塩素イオンが含まれており，特別な配慮が必要で，コンクリート表面に防食処理を行うなどすれば耐久性は向上する。コンクリートのかぶり等の一般的要素に加え，防食対策などを含め経済性をも考慮し耐用期間を定める必要がある。

2.3　照査の前提

　本規準に基づくPCタンクの要求性能の照査は，一般構造細目で照査の前提条件が確保されていることならびに「コンクリート標準示方書【施工編】」（土木学会）に示す標準的な施工方法とコンクリートの標準的な施工性能を満たすことを前提とする。

2.4　照査の原則

（1）　PCタンクの性能照査は，要求性能に応じた限界状態を設定し，構造物あるいは構造部材が限界状態に至らないことを確認することで実施することとする。
（2）　PCタンクの限界状態は，供用限界状態および終局限界状態とする。

（3） 限界状態に対する検討は，原則として，材料強度および荷重の特性値ならびに2.6節に規定する安全係数を用いて行うものとする。
（4） 耐震性能の照査は8章によるものとする。
（5） 耐久性能の照査は9章によるものとする。

【解　説】
（1）について　　それぞれの要求性能に対して適切な限界状態を設定することによって，限界状態設計法により性能照査を実施してよい。
（2）について　　PCタンクの要求性能の照査は，供用限界状態と終局限界状態とする。
　供用限界状態は，供用性に関する限界状態である。
　終局限界状態は，最大耐荷性能に対応する限界状態であり，構造安全性の照査に用いる限界状態である。ただし，過大な雪荷重，風荷重，地下水圧などを考慮する必要がない場合，一般にPCタンクの設計では終局限界状態の照査を省略してよい。PCタンクに作用する主なる荷重は水圧であり，それは水の単位体積重量と水深により決定される。前者に発生すると考えられる誤差はきわめてわずかで，後者についても側壁高と水深に大差ないことやオーバーフロー管の設置などにより，大幅に設計値を超えることは考え難い。このような場合の荷重係数はほとんど供用限界状態と同様であると考えられるので，原則として終局限界状態の照査を省略してもよいこととした。

2.5　限界状態

（1）　貯水性能の照査における供用限界状態は，引張応力発生限界状態，ひび割れ発生限界状態，もしくはひび割れ幅限界状態とする。
（2）　防水性能の照査における供用限界状態は，上記の（1）の貯水性能の照査に準じて行うものとする。
（3）　構造安全性の照査における終局限界状態は，断面破壊限界状態とする。

【解　説】
（1）について　　PC構造の貯水性能の照査は，コンクリートに引張応力が発生しないか，もしくは，ひび割れが発生しないかを検証することにより行う。この場合，水が接する面に対しては引張応力の発生を避け，それ以外の面ではコンクリートの曲げ強度の特性値を限界値とし，ひび割れ発生を避けることとした。また，せん断ひび割れは，それを避けることを原則とする。
　RC構造の貯水性能の照査は，ひび割れ幅が限界値を越えないことを検証することにより行う。
（2）について　　水に接する部材では，水密性の確保が同時に外部からの防水性の確保につながる。一方，水に接することのない部材（一般に屋根）では，雨などがタンク内に入ることがないように，ひび割れに関する照査を行う。
（3）について　　終局限界状態は最大耐荷性能に対する限界状態で，設計断面力と設計断面耐力の比較により照査を行う。

2.6 安全係数

（1） 安全係数は，材料係数 γ_m，荷重係数 γ_f，構造解析係数 γ_a，部材係数 γ_b および構造物係数 γ_i とする。
（2） 供用限界状態の安全係数は，すべて 1.0 とする。
（3） 終局限界状態の材料係数 γ_m は，コンクリートに対して 1.3，鋼材に対して 1.0 とする。
（4） 終局限界状態の荷重係数 γ_f は 1.0〜1.2 とする。終局限界状態を考慮する必要があると考えられる荷重に対しては，その荷重の特性値から望ましくない方向への変動，荷重の算定方法の不確実性，設計耐用期間中の荷重の変化，荷重特性が限界状態に及ぼす影響，環境作用の変動などを考慮して定めるものとする。
（5） 終局限界状態の構造解析係数 γ_a は 1.0 とする。
（6） 終局限界状態の部材係数 γ_b は 1.0〜1.3 とし，断面耐力算定式に対応して，それぞれ定めるものとする。
（7） 終局限界状態の構造物係数 γ_i は 1.0 とする。

【解 説】

「コンクリート標準示方書【構造性能照査編】」2 章 2.6 節に準拠した。

「コンクリート標準示方書」では，終局状態の荷重係数について，「自重以外の永久荷重が小さい方が不利となる場合には，永久荷重による荷重係数を 0.9〜1.0 とするのがよい」とある。しかし，PC タンクで終局限界状態の照査が必要なのは，2.4 節解説に示す過大な雪荷重，風荷重，地下水圧などが作用する，屋根部や底版部は RC 構造であり，荷重係数を 1.0 未満として不利になるプレストレス力は作用しないので，終局限界状態の荷重係数は 1.0〜1.2 とした。

3章 材料の設計値

3.1 一 般

（1） コンクリートあるいは鋼材の性質は，性能照査上の必要性に応じて，圧縮強度あるいは引張強度に加え，その他の強度特性，ヤング係数，変形特性，熱特性，耐久性，水密性等の材料特性によって表される。

（2） 材料強度の特性値 f_k は，試験値のばらつきを想定した上で，大部分の試験値がその値を下回らないことが保証される値とする。

（3） 材料の設計強度 f_d は，材料強度の特性値 f_k を材料係数 γ_m で除した値とする。

3.2 コンクリート

3.2.1 強 度

（1） コンクリート強度の特性値は，原則として材齢 28 日における試験強度に基づいて定めるものとする。

　圧縮試験は，JIS A 1108「コンクリートの圧縮強度試験方法」による。

　引張試験は，JIS A 1113「コンクリートの割裂引張強度試験方法」による。

（2） JIS A 5308 に適合するレディーミクスコンクリートを用いる場合には，購入者が指定する呼び強度を，一般に圧縮強度の特性値 f'_{ck} としてよい。

（3） コンクリートの付着強度および支圧強度の特性値は，適切な試験により求めた試験強度に基づいて定めるものとする。

（4） コンクリートの引張強度，付着強度および支圧強度の特性値は，一般の普通コンクリートに対して，圧縮強度の特性値 f'_{ck}（設計基準強度）に基づいて，それぞれ式(3.2.1)～式(3.2.3)により求めてよい。ここで，強度の単位は N/mm² である。

　引張強度　　$f_{tk} = 0.23 f'^{2/3}_{ck}$ 　　　　　　　　　　　　　　　　　　　　(3.2.1)

　付着強度　　JIS G 3112 の規定を満足する異形鉄筋について，

　　　$f_{bok} = 0.28 f'^{2/3}_{ck}$ 　　　　　　　　　　　　　　　　　　　　　　(3.2.2)

ただし，$f_{bok} \leq 4.2$ (N/mm²)

　普通丸鋼の場合は，異形鉄筋の場合の 40% とする。ただし，鉄筋端部に半円形フックを設けるものとする。

　支圧強度　　$f'_{ak} = \eta \cdot f'_{ck}$ 　　　　　　　　　　　　　　　　　　　　(3.2.3)

ただし，$\eta = \sqrt{A/A_a} \leq 2$

ここに，A：コンクリート面の支圧分布面積

　　　　　A_a：支圧を受ける面積

(5) コンクリートの曲げ強度は，式(3.2.4)により求めてよい。

$$f_{bck} = k_{0b} k_{1b} f_{tk} \tag{3.2.4}$$

ここに，
$$k_{0b} = 1 + \frac{1}{0.85 + 4.5(h/l_{ch})} \tag{3.2.5}$$

$$k_{1b} = \frac{0.55}{\sqrt[4]{h}} \quad (\geqq 0.4) \tag{3.2.6}$$

k_{0b}：コンクリートの引張軟化特性に起因する引張強度と曲げ強度の関係を表す係数

k_{1b}：乾燥，水和熱など，その他の原因によるひび割れ強度の低下を表す係数

h：部材の高さ（m）（>0.2）

l_{ch}：特性長さ（m）（$=G_F E_c/f^2_{tk}$，E_c：ヤング係数，G_F：破壊エネルギー，f_{tk}：引張強度の特性値）。ただし，この場合の破壊エネルギーおよびヤング係数は，式(3.2.7)および3.2.3項に従って求めるものとする。

$$G_F = 10(d_{max})^{1/3} \cdot f'_{ck}{}^{1/3} \; (\text{N/m}) \tag{3.2.7}$$

ここに，G_F：コンクリートの破壊エネルギー

d_{max}：粗骨材の最大寸法（mm）

f'_{ck}：圧縮強度の特性値（設計基準強度）（N/mm²）

3.2.2 コンクリートの応力-ひずみ曲線

（1） 限界状態の検討の目的に応じて，コンクリートの応力-ひずみ曲線を仮定するものとする。

（2） 曲げモーメントおよび曲げモーメントと軸方向力を受ける部材の断面破壊の終局限界状態に対する検討においては，一般に図3.2.1に示したモデル化された応力-ひずみ曲線を用いてよい。

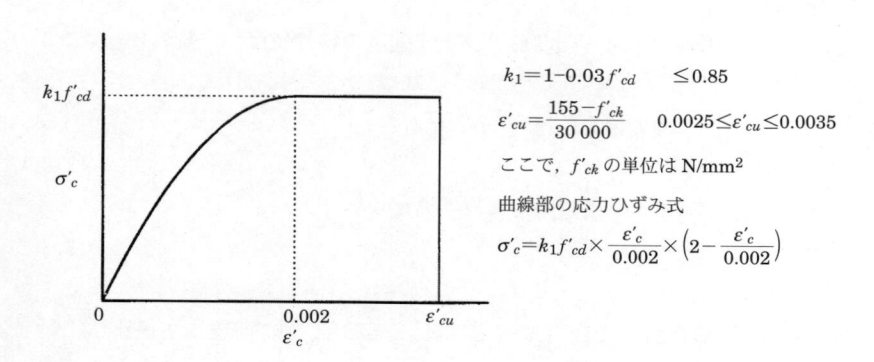

$k_1 = 1 - 0.03 f'_{cd} \quad \leqq 0.85$

$\varepsilon'_{cu} = \dfrac{155 - f'_{ck}}{30\,000} \quad 0.0025 \leqq \varepsilon'_{cu} \leqq 0.0035$

ここで，f'_{ck} の単位は N/mm²

曲線部の応力ひずみ式

$\sigma'_c = k_1 f'_{cd} \times \dfrac{\varepsilon'_c}{0.002} \times \left(2 - \dfrac{\varepsilon'_c}{0.002}\right)$

図3.2.1 コンクリートの応力-ひずみ曲線

（3） 供用限界状態に対する検討においては，コンクリートの応力-ひずみ曲線を直線としてよい。この場合ヤング係数は，3.2.3項に従って定めるものとする。

【解　説】

コンクリートの応力-ひずみ曲線は，その種類，材齢，作用する応力状態，載荷速度および載荷経路等によって相当に異なる。しかし，PCタンクの設計においては，その違いが設計の結果に大きな影響を与えることは少ないと考えられるので，ここでは（2）に示したモデルを一般に使用してよいこととした。ただし，多軸応力下における終局限界状態に対する検討では，必要に応じてその影響を考慮することとする。

3.2.3　コンクリートのヤング係数

（1）　コンクリートのヤング係数は，原則として，JIS A 1149「コンクリートの静弾性係数試験法」によって求めるものとする。

（2）　コンクリートのヤング係数 E_c は，一般に表3.2.1に示した値としてよい。

表3.2.1　コンクリートのヤング係数

f'_{ck} (N/mm^2)	24	30	40	50	60	70	80
E_c (kN/mm^2)	25	28	31	33	35	37	38

【解　説】

コンクリートのヤング係数は，荷重載荷状態や骨材の種類と品質の程度によって大きく異なるが，その差異が構造物の安全性に与える影響は小さいため，ここでは表3.2.1に示す値を使用することとした。

3.2.4　コンクリートのポアソン比

コンクリートのポアソン比は，弾性範囲内では一般に0.2としてよい。

3.2.5　コンクリートの熱特性

コンクリートの熱膨張係数は，一般に 10×10^{-6}/℃ としてよい。

3.2.6　コンクリートの収縮

（1）　コンクリートの収縮は，PCタンクの周辺の湿度，部材断面の形状寸法，コンクリートの配合等の影響を考慮して，これを定めることを原則とする。

（2）　不静定力を弾性理論により計算するために用いるコンクリートの収縮ひずみは，一般に 150×10^{-6} としてよい。ただし，この値を用いる場合はクリープの影響を加算してはならない。

（3）　プレストレスの減少を計算するために用いるコンクリートの収縮ひずみは，表3.2.2の値としてよい。

表 3.2.2　コンクリートの乾燥収縮度（×10⁻⁶）

プレストレスを導入するときのコンクリートの材齢	4〜7日	28日	3か月	1年
収縮ひずみ	200	180	160	120

【解　説】

（3）について　　プレストレスの減少を計算する場合の収縮ひずみは，プレストレスが導入される時のコンクリートの材齢に大きく依存する。よって，ここでは「水道用プレストレストコンクリートタンク設計施工指針・解説」（日本水道協会）4章4.2.4項に準拠し，収縮ひずみを示した。

3.2.7　コンクリートのクリープ

（1）　コンクリートのクリープひずみは，作用する応力による弾性ひずみに比例するとして，一般に式（3.2.8）により求めてよい。

$$\varepsilon'_{cc} = \phi \cdot \sigma'_{cp} / E_{ct} \tag{3.2.8}$$

ここに，ε'_{cc}：コンクリートの圧縮クリープひずみ
　　　　ϕ　：クリープ係数
　　　　σ'_{cp}：作用する圧縮応力度
　　　　E_{ct}：載荷時材齢のヤング係数

（2）　コンクリートのクリープ係数はPCタンクの周辺の湿度，部材断面の形状寸法，コンクリートの配合，応力が作用するときのコンクリートの材齢等を考慮して，これを定めることを原則とする。

（3）　プレストレスの減少量および不静定力を算出する場合のクリープ係数は，表3.2.3の値を用いてよい。

表 3.2.3　コンクリートのクリープ係数

	プレストレスを与えたときまたは載荷するときのコンクリートの材齢				
	4〜7日	14日	28日	3か月	1年
早強ポルトランドセメント使用	2.6	2.3	2.0	1.7	1.2
普通ポルトランドセメント使用	2.8	2.5	2.2	1.9	1.4

【解　説】

（2），（3）について　　「水道用プレストレストコンクリートタンク設計施工指針・解説」4章4.2.5項に準拠し，クリープ係数を示した。

3.3　鋼材の設計値

3.3.1　鋼材の強度

（1）　鋼材の引張降伏強度の特性値 f_{yk} および引張強度の特性値 f_{uk} は，それぞれの試験強度に基づいて定めるものとする。引張試験は，JIS Z 2241「金属材料引張試験方法」による。

（2） JIS 規格に適合するものは，特性値 f_{yk} および f_{uk} を JIS 規格の下限値としてよい．また，限界状態の検討に用いる鋼材の断面積は，一般に公称断面積としてよい．

（3） 鋼材の圧縮降伏強度の特性値 f'_{yk} は，鋼材の引張降伏強度の特性値 f_{yk} に等しいものとしてよい．

（4） 鋼材のせん断降伏強度の特性値 f_{vyk} は，一般に式（3.3.1）により求めてよい．

$$f_{vyk}=f_{yb}/\sqrt{3} \tag{3.3.1}$$

3.3.2 鋼材の応力-ひずみ曲線

（1） 鋼材の応力-ひずみ曲線は，検討の目的に応じて適切な形を仮定するものとする．

（2） 終局限界状態の検討においては，一般に図 3.3.1 に示したモデル化された応力-ひずみ曲線を用いてよい．

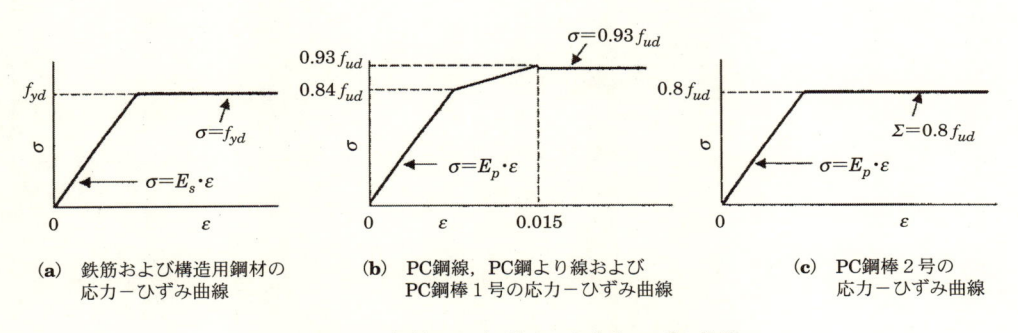

図 3.3.1 鋼材のモデル化された応力-ひずみ曲線

(a) 鉄筋および構造用鋼材の応力-ひずみ曲線
(b) PC鋼線，PC鋼より線および PC鋼棒1号の応力-ひずみ曲線
(c) PC鋼棒2号の応力-ひずみ曲線

3.3.3 鋼材のヤング係数

（1） 鋼材のヤング係数は，JIS Z 2241「金属材料引張試験方法」によって引張試験を行い，応力-ひずみ曲線を求め，この結果に基づいて定めることを原則とする．

（2） 設計計算に用いる鋼材のヤング係数は，一般に表 3.3.1 の値としてよい．

表 3.3.1 鋼材のヤング係数

鋼材の種類	ヤング係数 (kN/mm^2)
鉄筋	200
PC鋼材	200

3.3.4 鋼材のポアソン比

鋼材のポアソン比は，一般に 0.3 としてよい．

3.3.5 鋼材の熱膨張係数

鋼材の熱膨張係数は，一般にコンクリートの熱膨張係数と同じ値（$10×10^{-6}$/℃）としてよい。

3.3.6 PC鋼材のリラクセーション

（1） PC鋼材のリラクセーション率は，リラクセーション試験により求めた1000時間試験値の3倍の値とする。

（2） プレストレスの減少を計算するために用いるPC鋼材の見掛けのリラクセーション率γは，一般に表3.3.2の値としてよい。

表3.3.2 PC鋼材のリラクセーション率γ

PC鋼材の種類	見掛けのリラクセーション率γ
PC鋼線およびPC鋼より線	5%
PC鋼棒	3%
低リラクセーションPC鋼材	1.5%

4章 荷　　重

4.1　一　　般

（1）　PC タンクの設計には，施工中および設計耐用期間中に作用する荷重を，検討すべき限界状態に応じて，適切な組合わせのもとに考慮しなければならない。
（2）　地震時の荷重の組合わせは，8章による。
（3）　設計荷重は，荷重の特性値に荷重係数を乗じて定めるものとする。
（4）　荷重の種類は永久荷重および変動荷重の2種類に分類され，PC タンクの周辺環境や立地条件など考慮し，適宜表 4.1.1 に示す荷重を考慮する。

表 4.1.1　荷重の分類

永久荷重	ⅰ）	自重
	ⅱ）	静水圧
	ⅲ）	プレストレス力
	ⅳ）	コンクリートのクリープ・収縮の影響
	ⅴ）	土圧
変動荷重	ⅰ）	温度の影響
	ⅱ）	風荷重
	ⅲ）	雪荷重
	ⅳ）	地下水圧
	ⅴ）	積載荷重

【解　説】
（4）について　　静水圧を永久荷重としているが，供用限界状態の検討においては永久荷重のみの荷重の組み合わせでも，静水圧を考慮する満水時と静水圧を無視する空水時の照査を行わなければならない。これは，永久荷重に変動荷重を組み合わせる場合についても同様である。

4.2　荷重の種類

4.2.1　自　　重

自重の計算に用いる単位重量は表 4.2.1 に示す値を用いてもよい。ただし実重量の明らかなものはその値を用いるものとする。

表 4.2.1　単位体積重量

種　　類	単位体積重量（kN/m³）
無筋コンクリート	22.5～23.0
鉄筋コンクリート	24.0～24.5
プレストレストコンクリート	24.5
モルタル	21.0

【解　説】
　ドーム屋根上に防水モルタルや手摺り等が設置される場合は，適切にその荷重強度を算定し考慮しなければならない。

4.2.2　静水圧
　静水圧は水の深さに比例し，構造物内面に垂直に作用するものとする。

4.2.3　プレストレス力
（1）　プレストレス力は，PC鋼材により与えなければならない。
（2）　緊張作業直後のプレストレス力は，緊張材引張端に与える引張力に次の影響を考慮して算出するものとする。
　　（ⅰ）　コンクリートの弾性変形
　　（ⅱ）　緊張材とシースとの間の摩擦
　　（ⅲ）　緊張定着具におけるセットロス
（3）　有効プレストレス力は，前項の規定により算出される緊張作業直後のプレストレス力に次の影響を考慮して算出するものとする。
　　（ⅰ）　コンクリートのクリープおよび収縮
　　（ⅱ）　PC鋼材のリラクセーション
（4）　プレストレス力により不静定力が生じる場合は，必要に応じてこれを考慮しなければならない。
（5）　円周方向のプレストレス力は，一般に軸対称荷重として取り扱ってよい。

【解　説】
（2），（3）について　　プレストレス算定式は，「水道用プレストレスコンクリートタンク設計施工指針・解説」（日本水道協会）3章3.5節に準拠してよい。
（5）について　　円周方向のプレストレス力は，主に緊張材とシースとの間の摩擦のために，本来円周方向に一様ではない。しかし，このことを考慮して一周を数分割して定着したり，定着位置を上下間で適切に配置することなどによって，プレストレス力は工学的に円周に沿って一様であるとして扱えることが判っている。ただし，円周方向のプレストレス分布を軸対称として取り扱えないと判断された場合は，3次元解析モデル等を用いてその応力および不静定力を算出しなければならない。

4.2.4　コンクリートのクリープおよび収縮の影響
　PCタンクの完成後，早い時期に水を満たす場合は，断面力の算定に当たってコンクリートのクリープおよび収縮の影響を無視することができる。

【解 説】
　「水道用プレストレストコンクリートタンク設計施工指針・解説」3章3.6節に準拠し，早期（完成後3か月以内）に水を満たしコンクリートを湿潤状態にすれば，コンクリートのクリープおよび収縮の影響は無視することができるとした。
　しかし，完成後長期間空水状態に放置する場合などでは，例えば底版と側壁との乾燥収縮の進行度やコンクリートの材齢差などによって側壁下端に不静定力が作用することが考えられる。このような場合は，コンクリートの収縮の影響を評価し，照査を行うのが望ましい。コンクリートの収縮の影響をコンクリート打設の段階から時系列で評価する場合，水和熱によるひずみの影響を考慮するのがよい。
　また，クリープによる不静定力についても，構造系が変化する場合，例えば側壁下端の支持形式が変化する場合などには，これを考慮しなければならない。

4.2.5　土　　圧
　PCタンクに土圧が作用する場合の土圧の算定は，信頼できる適切な手法により行ってよい。

【解 説】
　本規準で対象とするPCタンクは地上式であるため，一般には，土圧の影響を無視することができるが，側壁や底版などに与える影響が無視できない場合は，本条文に準拠し，これを考慮する必要がある。

4.2.6　温度の影響
　PCタンクに作用する温度の影響は，気象条件や周辺環境を考慮し，適切に定めることとする。

【解 説】
　一般にPCタンクには，一様な温度の昇降による影響と，部材の内外面の温度差による影響がある。一般に一様な温度の昇降は，緩慢に起こるので部材間に生じる温度差の影響は小さいと考えられる。よって，一般のPCタンクについては，一様な温度の昇降による影響は無視してもよい。
　一方，PCタンクには水と外気の温度差により側壁や屋根に温度勾配が生じ，部材に付加的な応力度が発生する。これらの影響が無視できないと判断された場合は，信頼できる解析手法で温度差による影響を考慮することが望ましい。

4.2.7　風荷重
　風荷重を考慮する必要のある場合の風圧力は，速度圧に風力係数と投射面積を乗じて求めるものとする。

【解 説】
　供用限界状態に対する検討において，風荷重を考慮する必要があると判断された場合は「水道用プレストレストコンクリートタンク設計施工指針・解説」3章3.9節に準拠してよい。また，突風

4.2.8 雪荷重
積雪荷重は積雪の単位重量にその地方における最深積雪量を乗じて求めるものとする。

【解　説】
　供用限界状態に対する検討において，雪荷重を考慮する必要があると判断された場合は「水道用プレストレストコンクリートタンク設計施工指針・解説」3章3.10節に準拠してよい。また，豪雪による過大な雪荷重が想定される場合は，終局限界状態の照査を実施するものとする。

4.2.9 地下水圧
地下水圧は水の深さに比例し，構造物外面に垂直に作用するものとする。

【解　説】
　供用限界状態に対する検討において，タンク底版が地下水位以下に位置する場合，あるいは排水の悪い土中に位置する場合などの理由により地下水圧を考慮する必要があると判断された場合は，適切な照査を実施しなければならない。また，過大な地下水圧の作用が想定される場合は，終局限界状態の照査を実施するものとする。

4.2.10 積載荷重
積載荷重は $0.5kN/m^2$ を標準とする。

【解　説】
　積載荷重は施工後に屋根上に人間が載ることを想定して定めなければならないが，ここでは「水道用プレストレストコンクリートタンク設計施工指針・解説」3章3.3節に準拠し，$0.5kN/m^2$ を標準とした。

5章 構造解析

5.1 一般

（1） 一般に屋根，側壁および底版から構成されるPCタンクは，断面力の算定において，各構成要素の相互作用の影響が大きいので，構造を一体として解析することを原則とする。
（2） 一般のPCタンクの構造解析では，軸対称もしくは3次元モデルとしてよい。
（3） 耐震性能の照査に用いる構造解析方法や構造解析モデルは，8章によるものとする。

【解 説】
（1）について　　従来，屋根，側壁および底版から構成されるPCタンクは，それぞれ構成要素を分割して解析する方法が用いられてきた。そのために相互の影響を考慮するための多くの仮定やみなし規定が用いられている。それに対して，構造を一体化して解析する方法では，各構成要素の相互作用の影響が考慮され，実構造物の挙動をより正確に評価することができるため，断面力の算定においては，構造を一体として解析することを原則とした。この場合，有限要素法による解析が有用である。

　一般に，構造を一体として解析する場合の地盤もしくは杭は，ばね要素を用いてモデル化してよい。直接基礎の場合の地盤は，底版部材に地盤の特性より定まる地盤ばねが分布しているとしてモデル化してよい。杭基礎の場合は，杭配置の状況に応じて杭を適切にモデル化する必要がある。しかし，PCタンクの実用的な杭配置を正確に考慮しようとすれば，3次元モデルに依らざるを得ず，徒に底版の構造モデルを複雑化させることとなる。よって，杭配置を適切に考慮し，それに等価もしくは近似的な地盤ばねに置き換えてモデル化してよいこととする。ただし，この場合には必要に応じて，杭配置状況を考慮した連続ばり，もしくは版とした構造解析を行うものとする。

（2）について　　一般的なPCタンクに作用する荷重は主に軸対称荷重である。また，軸対称に作用しない円周方向プレストレス力も，構造細目に従った配置を実施すれば，軸対称に作用する荷重とみなしても十分な精度を有していると考えられる。さらに，軸対称に作用しない地震時動液圧などの荷重も，円周方向にフーリエ展開することにより，軸対称問題として取り扱えることがわかっている。そこで，一般的なPCタンクの構造解析モデルは，軸対称モデルで行ってもよいこととした。有限要素法の軸対称要素にはソリッド要素とシェル要素がある。一般に，PCタンクの部材は，構造物の大きさに比べ部材厚さが小さいので，シェル要素を用いてモデル化しても十分な精度が得られると考えられる。ソリッド要素を用いる場合は，有限要素法の要素分割が計算精度に影響を与えにくいような配慮が必要である。

5.2 供用限界状態を検討するための応答値の算定

　供用限界状態を検討するための断面力の算定は，線形解析に基づくことを原則とする。断面

力の算定に用いる剛性は，通常の場合，全断面有効と仮定して求めてよい。

【解　説】
　供用限界状態では，一般に，十分弾性的な変形性状を示すので，実用的な設計の観点から，線形解析の適用を原則とした。

5.3　終局限界状態を検討するための応答値の算定

（１）　断面破壊の終局限界状態を検討するための断面力の算定は，一般に線形解析を用いてよい。
（２）　線形解析以外の解析方法を用いる場合は，その解析方法の妥当性を確かめなくてはならない。

【解　説】
（１）について　　終局限界状態における部材の変形性状は，一般に非線形性を示す。したがって，終局限界状態における変形を算定する場合には，非線形性の考慮が不可欠であり，断面力の算定においても，非線形解析によるのが合理的である。しかし，豊富な実績を有する線形解析から求められた断面力は，一般に安全側の評価を与えることを考え，この規準では，構造解析において線形解析を用いてよいこととした。その場合，構造解析係数 γ_a の値は一般に 1.0 としてよい。

6章　供用性の照査

6.1　一　般

（1）　PCタンクの供用性の照査は，設計荷重のもとで，構成部材や構造物が供用限界状態に至らないことを確認することにより行うことを原則とする。
（2）　RC部材の貯水性能および防水性能の照査における供用限界状態は，ひび割れ幅限界状態とする。
（3）　PC部材の貯水性能および防水性能の照査における供用限界状態は，引張応力発生限界状態もしくはひび割れ発生限界状態とする。

【解　説】
（2），（3）について
　ひび割れ幅限界状態：コンクリートの最大ひび割れ幅が6.2.4項に定める限界値以下である限界状態。
　ひび割れ発生限界状態：コンクリートに発生する最大引張応力がコンクリートの曲げ強度以下である限界状態。
　引張応力発生限界状態：コンクリートに引張応力が発生しない限界状態。

6.2　RC部材

6.2.1　応力度の算定
　供用限界状態におけるRC部材の断面に生じるコンクリートおよび鋼材の応力度の算定は，次の（ⅰ）～（ⅳ）の仮定に基づくものとする。
　（ⅰ）　繊ひずみは，断面の中立軸からの距離に比例するものとする。
　（ⅱ）　コンクリートおよび鋼材は，弾性体とする。
　（ⅲ）　コンクリートの引張応力は，一般に無視する。
　（ⅳ）　コンクリートおよび鋼材のヤング係数は，それぞれ3章によるものとする。

6.2.2　応力度の制限値
　RC部材の曲げモーメントおよび軸方向力によるコンクリートの圧縮応力度の制限値は，$0.4f'_{ck}$の値とする。

【解　説】
　ここでの応力度の制限は，構造物や部材の性能を照査するのではなく，この規準の前提を維持す

る目的で実施するものである。

6.2.3 曲げひび割れ幅の算定
（1） 曲げひび割れ幅の算定は式(6.2.1)による。

$$w = 1.1 k_1 k_2 k_3 \{4c + 0.7(c_s - \phi)\} \left[\frac{\sigma_{se}}{E_s} \left(\text{または} \frac{\sigma_{pe}}{E_p} \right) + \varepsilon'_{csd} \right] \tag{6.2.1}$$

ここに，k_1 ：鋼材の表面形状がひび割れ幅に及ぼす影響を表す係数で，一般に，異形鉄筋の場合に1.0，普通丸鋼およびPC鋼材の場合に1.3としてよい。

k_2 ：コンクリートの品質がひび割れ幅に及ぼす影響を表す係数で，式(6.2.2)による。

$$k_2 = \frac{15}{f'_c + 20} + 0.7 \tag{6.2.2}$$

f'_c ：コンクリートの圧縮強度（N/mm²）。一般に，設計基準強度 f'_{cd} を用いてよい。

k_3 ：引張鋼材の段数の影響を表す係数で，式(6.2.3)による。

$$k_3 = \frac{5(n+2)}{7n+8} \tag{6.2.3}$$

n ：引張鋼材の段数

c ：かぶり（mm）

c_s ：鋼材の中心間隔（mm）

ϕ ：鋼材径（mm）

ε'_{csd}：コンクリートの収縮およびクリープ等によるひび割れ幅の増加を考慮するための数値

σ_{se} ：鋼材位置のコンクリート応力度が0の状態からの鉄筋応力度の増加量（N/mm²）

σ_{pe} ：鋼材位置のコンクリート応力が0の状態からのPC鋼材応力度の増加量（N/mm²）

（2） 曲げひび割れの検討で対象とする鉄筋およびPC鋼材は，原則としてコンクリートの表面に最も近い位置にある引張鋼材とし，応力度は6.2.1項に従って求めるものとする。

（3） 曲げモーメントおよび軸方向力によるコンクリートの引張応力度が，コンクリートの曲げ強度 f_{bck} より小さい場合，曲げひび割れの検討は行わなくてよい。

【解 説】
（1）について　曲げひび割れ幅の算定式は，「コンクリート標準示方書【構造性能照査編】」（土木学会）7章7.4.4項に準拠したが，この式は曲げモーメントおよび軸方向力に起因するひび割れに対するものである。

6.2.4 ひび割れ幅の限界値
（1） RC部材の貯水性能および防水性能の照査は，コンクリートに発生する表面ひび割れ幅が限界値以下であることを確認することにより行う。

（2） 貯水性能および防水性能に対するひび割れ幅の限界値は，表6.2.1による。

（3）ひび割れ幅の予測が困難な面内せん断力の影響を受けるひび割れは，これを発生させないことを原則とする。

表 6.2.1 貯水性能および防水性能に対するひび割れ幅の限界値

要求性能		ひび割れ幅の限界値
貯水性能	高い貯水性能	0.1mm
	一般の貯水性能	0.2mm
防水性能		0.2mm

【解　説】
（2）について　　一般に永久荷重作用時の水に接する面では高い貯水性能を，変動荷重作用時の水に接する面では一般の貯水性能を要求するものとする。また，水に接しない面では，防水性能を要求するものとする。貯水性能を確保するひび割れ幅の限界値は，「コンクリート標準示方書【構造性能照査編】」7 章の解説　表 7.4.1 に示す高い水密性を確保する場合の 0.1mm とした。同様に防水性能を確保するひび割れ幅の限界値は，一般の水密性を確保する場合の 0.2mm とした。

　なお，ひび割れ幅は，9 章の耐久性に対するひび割れ幅の限界値による照査が必要であることより，供用性と耐久性を比較して，より厳しい方の限界値により照査するものとする。

（3）について　　斜引張応力によるひび割れは，そのひび割れ幅の予測が困難であることから，原則としてそれらが原因となるひび割れの発生を避けることとした。ただし，実験や信頼できる予測式によりひび割れ幅の予測が可能な場合は，この限りではない。

6.3　PC 部材

6.3.1　応力度の算定

　供用限界状態における PC 部材の断面に生じるコンクリートおよび鋼材の応力度の算定は，次の（ⅰ）～（ⅳ）の仮定に基づくものとする。
　（ⅰ）　維ひずみは，断面の中立軸からの距離に比例するものとする。
　（ⅱ）　コンクリートおよび鋼材は，弾性体とする。
　（ⅲ）　コンクリートは全断面有効とする。
　（ⅳ）　コンクリートおよび鋼材のヤング係数は，それぞれ 3 章によるものとする。

【解　説】
　一般的には付着のないアンボンド PC 鋼材の有効プレストレス力は，理論的には，コンクリート部材の変形に伴う緊張材図心位置でのひずみ変化を緊張材全長にわたって求め，この平均ひずみから緊張材の応力変化を求めることにより算定することができる。しかし，これは非常に煩雑な計算となるので，供用限界状態レベルでは部材は微小変形の範囲内にあり，緊張材配置位置におけるひずみ変化の影響は小さいと考えられるため，アンボンド PC 鋼材に対しても，PC 鋼材のひずみ増加量は，同位置のコンクリートのそれと同一としてよい。

6.3.2 応力度の制限値

（1） PC 部材の曲げモーメントおよび軸方向力によるコンクリートの圧縮応力度および緊張材の引張応力度は，以下に示す制限値以下でなくてはならない。

（2） コンクリートの曲げ圧縮応力度および軸圧縮応力度の制限値は，$0.4f'_{ck}$ の値とする。

（3） 永久および変動荷重作用時の緊張材の引張応力度の制限値は，$0.7f_{puk}$ の値とする。ここに f_{puk} は緊張材の引張強度の特性値である。

6.3.3 引張応力度の限界値

（1） PC 部材の貯水性能および防水性能の照査は，曲げモーメントおよび軸方向力によるコンクリートの引張応力度が限界値以下であることを確認することにより行う。

（2） コンクリートの引張応力度の限界値は，表 6.3.1 によるものとする。

表 6.3.1 PC 部材（側壁）のコンクリートの引張応力度の限界値

要求性能		引張応力度の限界値
貯水性能	高い貯水性能	$0\mathrm{N/mm^2}$
	一般の貯水性能	曲げ強度
防水性能		曲げ強度

（3） コンクリートの応力度が引張応力度となる場合には，式(6.3.1)により算定される面積以上の引張鋼材を配置することを原則とする。ただし，異形鉄筋を用いることを原則とする。

$$A_s = T_c / \sigma_{st} \tag{6.3.1}$$

ここに，A_s：引張鋼材の断面積

T_c：コンクリートに作用する全引張力

σ_{st}：引張鋼材の引張応力度の増加量の制限値で，異形鉄筋に対しては $200\mathrm{N/mm^2}$ としてよい。ただし，引張応力が生じるコンクリート部分に配置されている付着がある PC 鋼材は，引張鋼材とみなしてよい。この場合，プレテンション方式のPC 鋼材に対しては $200\mathrm{N/mm^2}$，ポストテンション方式の PC 鋼材に対しては $100\mathrm{N/mm^2}$ とするのがよい。

【解　説】

（2）について　　一般に永久荷重作用時の水に接する面では高い貯水性能を，変動荷重作用時の水に接する面では一般の貯水性能を要求するものとする。また，水に接しない面では，防水性能を要求するものとする。

プレキャストコンクリート部材の鉄筋が連続していない範囲に対しては，永久および変動荷重作用時に引張応力度を発生させないものとする。

6.3.4 施工時における検討

（1） 緊張作業中の緊張材の引張応力度は，$0.8f_{puk}$ および $0.9f_{pyk}$ の小さい方の値以下でなければならない。

（2） 緊張作業直後の緊張材の引張応力度は，$0.7f_{puk}$ および $0.85f_{pyk}$ の小さい方の値以下でなくてはならない。

（3） 曲げモーメントおよび軸方向力に対する検討においては，コンクリートの縁応力度は，式(3.2.4)に示す曲げ強度以下とする。ただし，コンクリートの曲げ強度の特性値は，検討時点におけるコンクリートの圧縮強度の特性値を用いて，γ_c の値を 1.0 としてもとめてよい。

（4） 緊張作業直後における曲げモーメントおよび軸方向力によるコンクリートの曲げ圧縮応力度および軸方向圧縮応力度の制限値は，それぞれ検討時点のコンクリートの圧縮強度の特性値の 0.60 倍の値および 0.50 倍の値とする。

【解　説】
（3）について　　施工時における PC タンクには，貯水性能および防水性能は要求されないが，ここでは施工時においても PC 部材にひび割れを許容しないことで，供用時により高い貯水性能および防水性能を確保することとする。

7章 構造安全性の照査

7.1 一　　般

（1） PCタンクの構造安全性照査は，終局限界状態における設計荷重のもとで，すべての構成部材が断面破壊しないことを確認することにより行うことを原則とする。

（2） PCタンクに作用する荷重の主たるものが水圧である場合は，構造安全性の照査を省略することができる。

（3） 終局限界状態における断面力は，PCタンクの置かれる環境および立地条件を考慮し，適切な荷重および荷重係数を想定することにより算出してよい。

（4） 断面破壊に対する照査は，設計断面力 S_d の設計断面耐力 R_d に対する比に，構造物係数 γ_i を乗じた値が，1.0以下であることを確かめることにより行うものとする。

$$\gamma_i S_d / R_d \leq 1.0 \tag{7.1.1}$$

【解　説】
2.4節解説参照。

7.2 設計断面耐力の算出

（1） 軸方向圧縮力および軸方向引張力を受ける部材においては，軸方向圧縮耐力の上限値 N'_{oud} を式(7.2.1)により，軸方向引張耐力の上限値 N_{oud} を式(7.2.2)により算出するものとする。

$$N'_{oud} = (k f'_{cd} A_c + f'_{yd} A_{st} + f'_{pyd} A_p) / \gamma_b \tag{7.2.1}$$

$$N_{oud} = (f_{yd} A_{st} + f_{pyd} A_p) / \gamma_b \tag{7.2.2}$$

ここに，A_c　：コンクリートの断面積

　　　　A_{st}　：軸方向鉄筋の断面積

　　　　A_p　：PC鋼材の断面積

　　　　f'_{cd}　：コンクリートの設計圧縮強度

　　　　f'_{yd}　：軸方向鉄筋の設計圧縮降伏強度

　　　　f_{yd}　：軸方向鉄筋の設計引張降伏強度

　　　　f'_{pyd}　：PC鋼材の設計圧縮降伏強度

　　　　f_{pyd}　：PC鋼材の設計引張降伏強度

　　　　k　：強度の低減係数（$=1-0.003 f'_{ck} \leq 0.85$，ここで，$f'_{ck}$：コンクリート強度の特性値(N/mm^2)）

　　　　γ_b　：部材係数（N'_{oud} の場合は1.3，N_{oud} の場合は1.0）

（2） 曲げモーメントおよび曲げモーメントと軸方向力を受ける部材の設計断面耐力を，断面

力の作用方向に応じて，部材断面あるいは部材の単位幅について算定する場合，以下の（ⅰ）〜（ⅳ）の仮定に基づいて行うものとする．
　（ⅰ）　繊ひずみは，断面の中立軸からの距離に比例する．
　（ⅱ）　コンクリートの引張応力は無視する．
　（ⅲ）　コンクリートの応力‐ひずみ曲線は，3.2.2項によるのを原則とする．
　（ⅳ）　鋼材の応力‐ひずみ曲線は，3.3.2項によるのを原則とする．
（3）　部材断面のひずみがすべて圧縮となる場合以外は，コンクリートの圧縮応力度の分布を長方形圧縮応力度の分布（等価応力ブロック）と仮定してよい．
（4）　PC鋼材とコンクリートとの付着がない場合は，上記規定により算出される断面耐力の70％を設計断面耐力としてよい．

【解　説】
（4）について　　アンボンドPC鋼材などの付着のないPC鋼材を使用した場合は，「道路橋示方書【Ⅲコンクリート橋編】・同解説」（日本道路協会）4章4.2.4項に準拠して，その耐力低下を考慮した．ただし，実験や信頼できる解析等により厳密な耐力が算定可能な場合は，その断面耐力を使用してもよい．

8章　耐震性の照査

8.1　一　　般

PCタンクの耐震設計は，供用期間中に想定される地震動に対して，PCタンクおよび構成部材の地震時安全性と地震後に要求されるPCタンクの供用性能から設定される耐震性能を確保することを目的として行う。

8.2　耐震設計の原則

（1）　PCタンクは，用途および想定する地震動に対して，必要とされる耐震性能を保有する設計とする。
（2）　PCタンクが保有すべき耐震性能は，一般の場合，以下としてよい。
　（i）　耐震性能1：地震後のPCタンクの機能が健全で，補修を必要としないで供用可能。
　（ii）　耐震性能2：地震後のPCタンクの機能を保持し，軽微な補修で供用可能。
　（iii）　耐震性能3：耐震性能2より大きな損傷を許容するが，貯水漏洩に伴う二次災害が発生せず，補修や補強で機能回復が図れる。
（3）　設計で想定する地震動は，想定地震の規模，想定地震源と建設地点との距離，建設地点における地形，地質，地盤などの特性等を考慮して定めなければならない。一般の場合，PCタンクの供用期間中に発生する確率が高い地震動（レベル1地震動）と供用期間中に発生する確率は低いが大きな強度を持つ地震動（レベル2地震動）を考慮する。
（4）　PCタンクの耐震設計では，設定地震動と用途に応じて，**表8.2.1**に示す耐震性能を満足しなくてはならない。

表8.2.1　PCタンクの耐震設計で考慮する地震動と耐震性能

耐震設計で考慮する地震動	用途	
	水道用	農業用
供用期間中に発生する確率が高い地震動（レベル1地震動）	耐震性能1	耐震性能1
供用期間中に発生する確率は低いが大きな強度を持つ地震動（レベル2地震動）	耐震性能2	耐震性能3

【解　説】
（2）について　　耐震性能3における「貯水漏洩に伴う二次災害が発生せず」とは，被災によるひび割れや目地の開きからの水の漏洩は緩慢で，PCタンク周辺の排水機能で十分排水できる範囲と考えられる。

「PC構造物耐震設計規準」では，PC構造物の耐震性能を1～4と定め，耐震性能4では「機能回復は期待できないが構造物全体が崩壊しない」と規定している。しかし，PCタンクに耐震性能4を想定した場合，構造物全体が崩壊しなくとも急激な漏洩に伴う二次災害の発生が考えられることより，耐震性能4は考えないものとした。また，兵庫県南部地震の後にPCタンクの被災状況を調査したところ，地震前から漏水していたタンクや，設計上問題があったタンクで漏水する被害を受けた以外は，せいぜい雨樋が落ちるなどの軽微な被害であった。このように，PCタンクの被災例はきわめて稀で，被災による損傷が明らかな橋脚やラーメン構造とちがい，実際にどのような被害をPCタンクが受けるのかが定かではない。よって，他の構造物では可能なより詳細な耐震性能を設定することは合理的ではないと考えられるので，ここでは耐震性能を1から3までの3段階にすることとした。

（3）について　　レベル1地震動は従来から設定されていた地震動に相当し，対象となる構造物の供用期間中に1～2回発生するレベルの地震動である。また，レベル2地震動は，陸地近傍に発生する大規模なプレート境界地震や，1995年兵庫県南部地震のような内陸直下型地震動であり，一般に水道施設がそのような地震動に遭遇する確率は低いが，水道施設に与える影響はきわめて大きい地震動である。

「PC構造物耐震設計規準」では，レベル2地震動をタイプⅠおよびタイプⅡに分け，構造物の重要度に応じて耐震性能を規定している。PCタンクがタイプⅡ地震動を受けた場合，例えPCタンクが貯水機能を維持できたとしても，配水ネットワークが被害を受けている可能性が高く，実際には配水できない可能性が高い。また，タイプⅡ地震動は一般に被害の範囲が狭く，兵庫県南部地震の例でもわかるように，周辺からの迅速な給水支援が期待できる。一方，タイプⅠ地震動では，被災範囲が広範で，周辺の給配水施設や道路が被災している可能性が高く，迅速な給水支援が期待できないと考えられる。このように地震動タイプの相違によりPCタンクに要求される耐震性能を変化させても良いのではないかという意見もあるが，PCタンクが未だ重大な被災を経験していないことを鑑み，上述のように地震動タイプにより耐震性能を変化させることは早計と考え，ここではどの地震動タイプに対しても同じ耐震性能を要求することとした。また，本規準においては，「水道施設耐震工法指針」に従い，1995年兵庫県南部地震等による観測記録や数値解析による地震動の評価報告書を基に標準的なレベル2地震動を定めている。この地震動はプレート境界地震および内陸直下型地震動を共に包含するものである。よって，本規準においては，タイプⅠとタイプⅡの区別をしないで耐震性能を評価するものとした。

（4）について　　PCタンクの用途として，水道用と農業用がある。水道用のタンクは，ライフラインであることより，レベル2地震動においても，貯水性を確保する必要があるとして，耐震性能2を要求することとした。一方，農業用の場合には，地震時に内容水が漏洩してもよいが，急激な漏洩による二次災害の発生を防止するために，耐震性能3を要求することとした。

8.3　PCタンクの耐震性能と限界状態

8.3.1　原　　則

PCタンクの耐震性能照査は，要求された耐震性能に応じた限界状態を設定し，構造物ある

いは構造部材が限界状態に至らないことを確認することで実施することとする。

8.3.2 耐震性能と限界状態
（1） 耐震性能1の照査における限界状態は，ひび割れ発生限界状態もしくはひび割れ幅限界状態とする。
（2） 耐震性能2の照査における限界状態は，地震後の残留ひび割れ幅限界状態とする。
（3） 耐震性能3の照査における限界状態は，断面破壊の限界状態とする。

【解　説】
（2）について　　耐震性能2では，地震後に軽微な補修で供用可能でなくてはならない。このことは地震中にはひび割れや目地の開きは許し，わずかな内容水の漏洩は許すが，地震後にはそのひび割れや目地の開きは十分に閉じて，貯水性・防水性を保持できることを目指すものである。そこで，地震後の貯水性・防水性を維持するために，地震後の残留ひび割れ幅を制限することとしたものである。

8.4　地震外力

8.4.1　一　　般
（1） 設計地震動は，一般に，加速度応答スペクトルもしくは時刻歴地震波形で表現したものを用いる。
（2） レベル1地震動は，PCタンクの供用期間内に数回発生する大きさの地震動で，建設地点における地震活動度，地盤条件を考慮して設定するのを原則とする。
（3） レベル2地震動は，構造物の耐用期間内に発生する確率のきわめて小さい強い地震動で震源特性，伝播特性，表層地盤の増幅特性，PCタンク建設地点の地盤条件などを考慮して設定することを原則とする。

8.4.2 照査に用いる地震動
　レベル1地震動およびレベル2地震動は，図8.4.1および図8.4.2に示す標準加速度応答スペクトルもしくはそれに適合するように振幅調整した加速度波形を用いることを原則とする。

図 8.4.1　レベル1地震動の標準加速度応答スペクトル　　図 8.4.2　レベル2地震動の標準加速度応答スペクトル

【解　説】
　図 8.4.1 および図 8.4.2 に示す標準加速度応答スペクトルは静的解析に用い，それに適合するように振幅調整した加速度波形は時刻歴動的解析に用いる。

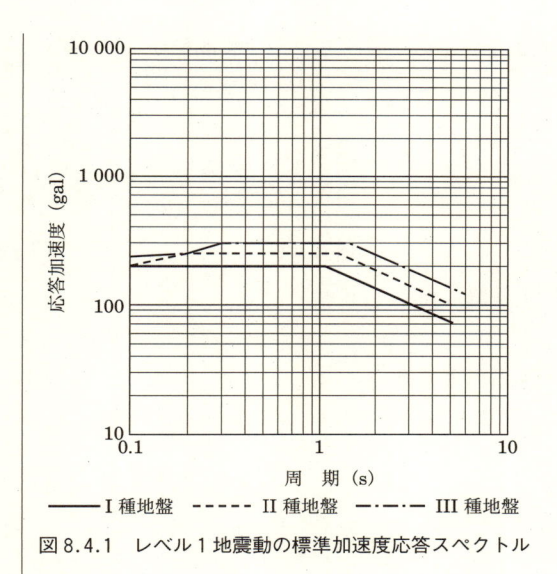

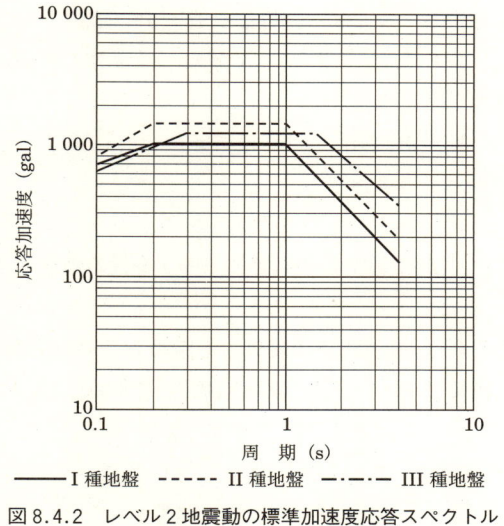

8.4.3　耐震設計上の地盤種別

　耐震設計上の地盤種別は，原則として式(8.4.1)で算出される地盤の特性値 T_G をもとに，表 8.4.1 により区分することとする。地表面が耐震設計上の基盤面と一致する場合は，Ⅰ種地盤とする。

$$T_G = 4 \sum_{i=1}^{n} \frac{H_i}{V_{si}} \qquad (8.4.1)$$

ここに，T_G：地盤の特性値（s）
　　　　H_i：i 番目の地層の厚さ（m）
　　　　V_{si}：i 番目の地層の平均せん断弾性波速度（m/s）
　　　　i：当該地盤が地表面から耐震設計上の基盤面まで n 層に区分されるときの地表面から i 番面の地層の番号

表 8.4.1　耐震設計上の地盤種別

地盤種別	地盤の特性値 T_G(s)
Ⅰ種	$T_G < 0.2$
Ⅱ種	$0.2 \leq T_G < 0.6$
Ⅲ種	$0.6 \leq T_G$

【解　説】
　T_G は元来微小ひずみ振幅領域における表層地盤の基本固有周期であるが，ここでは地盤の特性

値と称する。V_{si} は，弾性波探査や PS 検層によって測定するのが望ましいが，実測値がない場合は式（解 8.4.1）によって N 値から推定してもよい。

粘性土層の場合
$$V_{si}=100N_i^{1/3} \quad (1 \leq N_i \leq 25)$$
砂質土層の場合
$$V_{si}=80N_i^{1/3} \quad (1 \leq N_i \leq 50)$$
(解 8.4.1)

ここに，N_i：標準貫入試験による i 番目の地層の平均 N 値

8.4.4　静的解析で地震外力を定めるための固有周期の算定方法

円筒型 PC タンクの満水時固有周期は式（8.4.2）により算出してよい。

$$T=\frac{\pi H^2}{R}\sqrt{\frac{2q'}{3gE}\left\{1+12\left(\frac{R}{H}\right)^2\right\}} \qquad (8.4.2)$$

$$q'=q_1+\frac{q_0 R}{2t}\cdot\frac{\tanh\left(\frac{\sqrt{3}\cdot R}{H}\right)}{\frac{\sqrt{3}\cdot R}{H}} \qquad (8.4.3)$$

ここに，T：円筒型 PC タンクの満水時固有周期（s）
　　　　t：タンクの側壁厚（m）
　　　　R：タンクの半径（m）
　　　　H：タンクの全水深（m）
　　　　g：重力加速度（m/s^2）
　　　　E：ヤング係数（N/m^2）
　　　　q_1：壁体の単位体積重量（N/m^3）
　　　　q_0：液体の単位体積重量（N/m^3）

【解　説】

PC タンクの固有周期は，動的解析を実施すれば求められるが，静的解析では容易に求めることができない。そこで，静的解析で地震外力を定めるための固有周期計算法を示した。よって，動的解析を実施した場合には，解析結果を利用し，ここに示す計算方法を採用する必要は無い。

8.4.5　耐震設計上の地盤面

耐震設計上の地盤面はタンク底版下面とする。ただし，地震時に地盤反力が期待できない土層がある場合は，その影響を考慮して適切に耐震設計上の地盤面を設定するものとする。

【解　説】

耐震設計上の地盤面とは，設計地震動の入力位置であるとともに，その面より上方の構造部分には地震力を作用させるが，その面よりも下方の構造部分には地震力を作用させないという耐震設計上仮定する地盤面のことである。

8.5 耐震設計上考慮すべき荷重

（1） 耐震設計にあたっては，次の荷重を考慮するものとする。
  （ⅰ） 自重
  （ⅱ） 静水圧
  （ⅲ） プレストレス力
  （ⅳ） コンクリートのクリープ・収縮の影響
  （ⅴ） 土圧
  （ⅵ） 雪荷重
  （ⅶ） 積載荷重
  （ⅷ） 地震の影響
（2） 荷重は最も不利な応力，変位，その他の影響が生じるように作用させるものとする。

【解　説】
（1）について　　耐震設計において考慮すべき荷重を列挙したものであって，PCタンクの建設地点の条件によって適宜選定するものとし，必ずしもすべての荷重を組み合わせる必要はない。

8.6 地震の影響

8.6.1 一　　般

（1） 地震の影響としては，次のものを考慮する。
  （ⅰ） 構造物の重量などに起因する慣性力（以下「慣性力」という）
  （ⅱ） 地震時動水圧
  （ⅲ） 地震時土圧
  （ⅳ） 水面動揺
  （ⅴ） 地盤の液状化および液状化に起因する地盤流動
  （ⅵ） 地盤の変位およびひずみ
  （ⅶ） 傾斜した人工改変地盤における地盤ひずみ
（2） 地震動の方向は，一般に，水平方向を考慮すればよい。ただし，構造物の特性によっては，鉛直方向も考慮しなければならない。

【解　説】
（1）について　　PCタンクの耐震設計において考慮すべき地震の影響の種類を規定したものである。PCタンクの耐震設計では，個々の設計条件に応じて，これらの中から考慮すべき地震の影響を適切に選定しなければならない。
　構造物の重量などに起因する慣性力には積載荷重などの重量も考慮するものとする。また，水面動揺については，動揺高さが屋根に達しないことを確認することを基本とする。ただし，動揺高さ

が屋根に達する場合には，その影響を考慮して設計しなければならない。

8.6.2 地震時動水圧

地震時動水圧は以下のものを考慮する。
（ⅰ） 地震時の短周期成分に応答する動水圧（衝撃圧）
（ⅱ） 地震の比較的長周期成分に応答する動水圧（振動圧）

【解　説】

　地震時にタンクに作用する圧力としては，（ⅰ）および（ⅱ）以外にタンクの弾性変形に起因する圧力やロッキングによる圧力が考えられるが，一般的形状の PC タンクではこれらの影響は小さいので，無視してよいこととした。一般に，衝撃圧と振動圧が同時に作用する可能性は低く，衝撃圧による影響のみ考慮すればよい。

　地震時動水圧を算定する方法としては，Housner 法と速度ポテンシャル法が代表的で，他には有限要素法，境界要素法，伝達マトリックス法等の数値解析法があるが，地震時動水圧を算定するにあたってはどの方法を用いてもよい。

　静的解析では得られた動水圧を荷重として取り扱う。内容水を付加質量と考える動的解析では，得られた動水圧より付加質量を求めることとなる。一方，内容水も有限要素として取り扱う動的解析では，上記の動水圧を算定する時の境界条件は，Housner 法や速度ポテンシャル法と同等でなくてはならない。

8.6.3 地震時土圧

（1） 地震時土圧は，構造物の種類，土質条件，設計地震動のレベル，地盤の動的挙動等を考慮して，適切に設定するものとする。

（2） 地震時土圧は分布荷重とし，その主働状態における土圧強度は，式（8.6.1）により算出してよい。

$$P_{EA} = \gamma x K_{EA} + q' K_{EA} \tag{8.6.1}$$

ここに，P_{EA}：深さ x(m) における地震時主働土圧強度（kN/m²）

　　　　K_{EA}：地震時主働土圧係数で，式（8.6.2）により算出してよい。

　背面が土とコンクリートの場合

　砂と砂礫　　$K_{EA} = 0.21 + 0.90 k_h$

　砂質土　　　$K_{EA} = 0.24 + 1.08 k_h$ （8.6.2）

　　　　k_h：地震時土圧の算出に用いる設計水平震度

　　　　γ　：土の単位体積重量（kN/m³）

　　　　q'：地震時の地表載荷荷重（kN/m²）

また，q' は確実に作用するもののみとする。

【解　説】

（2）について　　式（8.6.1）により地震時土圧を考慮する場合，常時における静止土圧は考慮し

8章　耐震性の照査

ないものとする。一般に，土圧を考慮する場合は，空水時のみとしてよい。また，地震時の土圧作用方向が特定できない場合，常時の土圧同様に地震時土圧をその最大値が軸対称に作用する荷重としてよい。これは土圧作用がコンクリートの圧縮応力を増加させる方向に作用させる場合，不利に働くことを考慮したものである。

8.7　応答値の算定

8.7.1　一　　般
応答値の算定に当たっては，PCタンクの形状，基礎条件，荷重状態，考慮すべき地震動等に応じて，適切な解析方法および解析モデルを用いるものとする。

8.7.2　解析方法
解析方法は，以下の2つの方法のうちいずれかを用いるものとする。
　（ⅰ）動的解析法
　（ⅱ）静的解析法

【解　説】
考慮すべき地震動はレベル1およびレベル2地震動で，どちらの地震動に対しても静的解析と動的解析を実施することができる。
　レベル1地震動では，耐震性能1を保持するため，PCタンクはほとんど無被害と考えられるので，材料の応力−ひずみ関係は線形であると仮定する線形解析を実施するのが一般的である。レベル1地震動による応答値を求める場合，静的解析でも動的解析でも線形解析を実施するので，その最大応答値には大差がないと考えれるので，どちらを選択するかは，レベル2地震動でどちらの解析法を採用するかを参照して定めればよい。
　レベル2地震動による応答値を求めるのに，静的解析を採用した場合，材料の応力-ひずみ関係を線形とする線形解析と，主に材料の応力−ひずみ関係を非線形とする非線形解析がある。
　静的線形解析ではPCタンクがどのような被害を受けているかを知ることはできないので，要求された耐震性能に応じて8.7.4項に定める構造物特性係数を用いて，応答値を求めてよい。
　静的非線形解析とは，主に材料の非線形性を考慮し，必要に応じて幾何学的非線形性を考慮した解析方法を指し，8.6.2項に示す地震の影響を0より漸増しながら，8.4節で定められた地震外力の最大値まで応答値を求める方法で，一般にプッシュオーバー法と呼ばれている。この方法によれば，ひび割れや鋼材の降伏を容易に知ることができる。
　レベル2地震動に対し動的解析を採用する場合，やはり線形解析と非線形解析がある。動的線形解析を採用した場合，コンクリートのひび割れや鋼材の降伏を考慮できないので，それらの影響が大きな耐震性能3の照査にこの動的線形解析を採用するのは合理的ではない。被害が小さな耐震性能2の照査に用いる場合でも，PCタンクでは円周方向軸引張力による断面を貫通するひび割れが発生すると，その断面剛性の低下が著しく，動的線形解析では著しく安全側の設計となってしまう

おそれがある。よって，この動的線形解析法で耐震性能2を満足できなかった場合でも，ただちに断面寸法や鋼材量を増加させるのではなく，動的非線形解析や静的解析によって再照査することが好ましい。

コンクリートのひび割れや鋼材の降伏を考慮した後の等価な剛性を用いて，動的線形解析する方法（等価線形法）があるが，PCタンクでは軸力や曲げモーメントが卓越する部分と面内せん断力が卓越する部分があって，すべての断面で一様に剛性低下を評価することが困難であることや，剛性低下の評価方法が現時点で明らかではないことを考慮し，この方法については言及しないこととした。

動的非線形解析法を採用した場合，照査する現象（例えば残留ひび割れ幅）を直接解析できることが好ましいが，用いられる材料の構成則によっては，必ずしも直接解析することができないので，採用された構成則をよく理解し，計算結果を利用することが大切である。

一般にこの規準が適用されるPCタンクでは，静的解析法により十分安全側の耐震設計を実施できるものと考えられる。しかるに，それがあまりにも安全側過ぎると考えられる場合や，PCタンクの形状，基礎条件，荷重状態，考慮すべき地震動などに配慮した場合に，動的解析が合理的と考えられる場合のみ動的解析を採用すればよい。

8.7.3 解析モデル
（1）解析モデルは，原則として5章で用いたモデルと同じとする。
（2）PCタンクは，構造を軸対称モデルとして解析を行ってよい。

【解　説】
（1）について　　Housnerは側壁を剛体とし，内容水を固定水と自由水に分けて2質点系動的連成応答解析する方法を提案した。しかし，一般のPCタンクでは固定水と自由水の固有周期が大きく異なっているので，それらが連成して効果を発揮することはほとんど無いので，動的解析を実施する場合も，Housnerが提案したバネ－マス系ではなく，5章で用いたのと同じモデルを用いることを原則とした。

一般的な形状のPCタンクでは，地震時に付加的に屋根に作用する荷重は躯体慣性力が主であり，屋根が一般に薄いシェル構造で構成されていることを考慮すれば，地震が屋根構造に与える影響は小さいと考えられる。そこで，屋根は構造（躯体慣性力）として考慮するものの，屋根自身の耐震設計は除外してよいこととした。ただし，屋根をスラブ構造とする場合には，別途検討するものとする。

（2）について　　地震の影響による荷重は，軸に対して逆対称に作用するが，荷重や変位をフーリエ級数に展開して取扱い，軸対称問題として解析することができる。

地震時のPCタンクの応力状態は，円周に沿って変化しており，軸対称荷重が作用する場合のように一様ではない。一般に，地震作用方向に対する角度θが，0および180°の位置で軸方向力および曲げモーメントは最大となるので，これらの照査はこの2点で実施すればよい。一方，面内せん断力は$\theta=90°$の位置で最大となり，斜引張応力度の最大値はこの位置で発生する。一般に円周方向プレストレス導入時や空水時にひび割れが発生しないように鉛直方向にプレストレスが設計さ

8章　耐震性の照査

れている場合，地震時の斜引張応力度はコンクリートの引張強度に比べて十分小さいので，一般に$\theta=90°$の位置での照査は省略してよい。しかし，鉛直方向にプレストレスが導入されていない場合や，躯体慣性力，地震時動水圧の影響が大きい場合には，$\theta=90°$の位置における斜引張応力度の検討が必要である。

8.7.4　静的線形解析に用いる構造物特性係数

（1）静的線形解析に用いる構造物特性係数は，構造物の応答による減衰と靱性による塑性変形能力の程度において適切に定めるものとする。

　一般に，以下に示す値を用いるものとする。

（i）耐震性能1および耐震性能2の照査においては$C_s=1.0$とする。

（ii）耐震性能3の照査においては$C_s=0.45$とする。

（2）構造物特性係数は，8.4.2項に示される地震動の標準加速度応答スペクトルから求められる基準水平震度に乗じて用いるものとする。

【解　説】

（1）について　　構造物特性係数は，エネルギー一定則に基づき，地震エネルギーが構造部材の塑性変形性能で吸収されることを考慮した係数である。

　耐震性能2では機能保持（貯水性）が要求され，例え地震時にひび割れが入ったり，目地が開いたりしてわずかに漏洩があったとしても，地震後にそれらは閉じて貯水性を維持しなければならない。よって地震によるPCタンクの被害は極く限られたものと考えるべきで，耐震性能2の照査では，構造物による地震エネルギーの吸収を考慮しないこととした。一方，耐震性能3では従来の規準に準拠して構造物特性係数を定めた。

8.8　ひび割れ発生もしくはひび割れ幅の限界値

　ひび割れ発生もしくはひび割れ幅限界状態における限界値は，表8.8.1の値とする。

表8.8.1　ひび割れ発生もしくはひび割れ幅限界状態における限界値

構造種別	限界状態	限界値
PC	ひび割れ発生	f_{bck}
RC	ひび割れ幅	0.2mm

注）f_{bck}：コンクリートの曲げ強度

8.9　残留ひび割れ幅の限界値

（1）残留ひび割れ幅限界状態における限界値は，表8.9.1の値とする。

（2）残留ひび割れ幅の予測が困難な場合は，残留ひび割れ幅と鋼材ひずみの関係を，実験や信頼できる解析結果から求め，その鋼材ひずみを地震荷重作用時の最大鋼材ひずみの限界値と

表 8.9.1 残留ひび割れ幅限界状態における限界値

構造種別		限界値
PC	軸引張応力	0.1mm
	曲げ引張応力	0.2mm
RC	曲げ引張応力	0.2mm

【解　説】

（2）について　　8.7.2項の解説で述べたように，残留ひび割れ幅を評価できる解析方法や構成則を用いるのが好ましいが，現在の汎用ソフトでは必ずしも残留ひび割れ幅を直接求めることができない事が多い。そのような場合は，例えば地震時の鋼材最大ひずみと残留ひび割れ幅の関係を実験や信頼できる解析によって求めておき，解析によって求められた地震時鋼材最大ひずみから，残留ひび割れ幅を予測してよいこととした。

解説 表8.9.1に，残留ひび割れ幅と許容最大鋼材ひずみとの関係の一例を示す。これらの値は，軸引張が作用するPC部材の残留ひび割れと鋼材ひずみに関する実験結果（コンクリートの圧縮強度：35N/mm²）より導き出したものである[1]。許容最大鋼材ひずみは，実験より得られた残留ひび割れ幅を満足する鋼材ひずみを，安全率1.3で除した値である。なお，残留ひび割れ幅限界値0.2mmは，曲げ引張応力による残留ひび割れ幅であるが，上記の実験は軸引張力作用時の結果である。よって，解説 表8.9.1を曲げひび割れに適用すると，安全側すぎるきらいがあると考えられるので，この値が安全側過ぎると考えられる場合やコンクリート強度が上記の値と大幅に相違する場合には，実験や信頼できる解析により，鋼材の許容最大ひずみを定めてよい。

解説 表8.9.1 残留ひび割れ幅と許容最大鋼材ひずみ(μ)の関係

余裕圧縮応力度 (N/mm²)	残留ひび割れ幅(mm)	
	0.1	0.2
0	1 200	2 600
0.5	1 700	3 300
1.0	2 200	3 900
1.5	2 700	4 600

8.10　断面破壊に対する照査

　断面破壊に対する照査は，設計断面力 S_d の設計断面耐力 R_d に対する比に，構造物係数 γ_i を乗じた値が，1.0以下であることを確かめることにより行うものとする。

$$\gamma_i S_d / R_d \leq 1.0 \tag{8.10.1}$$

参考文献

1) 大谷，江口，吉岡：軸引張力が作用するプレストレストコンクリート部材の残留ひび割れ幅に関する実験的研究，構造工学論文集，Vol.45A，1999.3

9章　耐久性の照査

9.1　一　　般

PCタンクの耐久性照査においては，環境条件や機能より定まる性能を設計耐用期間にわたり保持することを確認する。

【解　説】
　PCタンクの耐久性は「コンクリート標準示方書【施工編】」（土木学会）2章，および「コンクリート標準示方書【構造性能照査編】」7章に従い照査するものとする。

9.2　耐久性の照査項目

（1）　PCタンクのひび割れに関する耐久性の照査は，表面ひび割れ幅とする。
（2）　PCタンクにおける環境作用に関する耐久性照査は次に示す3項目とする。
　（ⅰ）　塩化物イオンの侵入
　（ⅱ）　コンクリートの中性化
　（ⅲ）　凍結融解作用

【解　説】
（1）について　　PCタンクのひび割れに関する耐久性照査は，供用限界状態の荷重組み合わせに対して行うものとする。
（2）について　　PCタンクの耐久性へ影響を与える，塩化物イオンの侵入，コンクリートの中性化，凍結融解作用などの環境作用は，現地調査結果に基づいて定めることを基本とする。コンクリートの中性化については，中性化深さを算定するのに必要な条件（湿潤条件など）を定める。塩化物イオンの侵入については，コンクリート表面から内部への塩分の拡散を評価するために必要な外気温，湿度，乾燥繰り返し条件，海岸からの距離などを，現地調査結果に基づいて定める。凍結融解作用については，現地の気象条件（外気温など）を調査し，凍結日数および凍結融解回数を定める。

9.3　耐久性の照査項目に対する限界値

9.3.1　ひび割れ幅の限界値

（1）　耐久性に対するひび割れの照査は，コンクリート表面のひび割れ幅が，環境条件，かぶり，設計耐用期間等から定まる鋼材腐食に対するひび割れ幅の限界値以下であることを確認することにより行う。
（2）　鋼材腐食に対するひび割れ幅の限界値は，一般に，環境条件，かぶりに応じて表9.3.1

のように定めてよい。ただし，表9.3.1に適用できるかぶりcは，100mm以下を標準とする。
(3) ひび割れ幅の算定は，6.2.3項によるものとする。

表9.3.1 鋼材腐食に対するひび割れ幅の限界値 (mm)

一般の環境	腐食性環境	とくに厳しい腐食性環境
$0.005c$	$0.004c$	$0.0035c$

【解　説】
(1), (2)について　　かぶりコンクリートが塩化物イオンの侵入による腐食から鋼材を保護する性能は，ひび割れ幅のみならず，かぶり，コンクリートの品質により総合的に達成される。よって，耐久性に関するひび割れ幅は，環境条件，かぶりにより定まるひび割れ幅の限界値以下に制限することとした。

　一般に，鋼材腐食に対する環境条件の区分は，解説 表9.3.1に示すように定められている。PCタンクの場合には，海水につかったり乾燥したりする干潮部を想定した「とくに厳しい腐食環境」は考えにくい。水道用PCタンクの場合，滅菌のために塩素を用いた飲料水を貯水することより，内面は「腐食性環境」と考えられる。水道用PCタンク内面には，耐久性に優れた内面防食塗装を施すのが一般的である。また，PCタンク外面には，耐久性と美観を考慮して塗装を施す場合がある。これらの塗装をする場合には，塗装の必要性能の確保と維持管理を条件として，環境条件にかかわらず「一般の環境」の区分としてよい。

解説 表9.3.1　鋼材腐食に対する環境条件の区分

一般の環境	塩化物イオンが飛来しない通常の屋外の場合，土中の場合等
腐食性環境	1. 一般の環境に比較し，乾湿の繰返しが多い場合および特に有害な物質を含む地下水以下の土中の場合等鋼材腐食に有害な影響を与える場合等 2. 特に厳しくない海洋環境にある場合等
とくに厳しい腐食性環境	1. 鋼材の腐食に著しい有害な影響を与える場合等 2. 飛沫帯にある場合および厳しい潮風を受ける場合等

9.3.2　環境作用の限界値

　環境に起因する耐久性の照査に関する限界値は以下に示す通りとする。
(1) 塩化物イオンの侵入に関しては，鉄筋に腐食を発生させないことを照査条件として，鋼材位置における塩化物イオン濃度が鋼材腐食発生限界濃度以下であることを照査する。
(2) コンクリートの中性化に関しては，中性化が鉄筋の腐食に影響を与えないことを照査条件とし，中性化深さが鋼材腐食発生限界深さ以下であることを照査する。
(3) 凍結融解作用に関しては，凍結融解抵抗性が確保されていることを照査条件とし，相対動弾性係数が凍害に関するコンクリートの性能を満足する限界値以上であることを照査する。

【解　説】
(1)について　　一般の環境で供用されるPCタンクでは，耐久性に対するひび割れ幅の照査をす

ることにより本照査を省略して良い。環境区分が「腐食性環境」より厳しい場合には本照査を行わなければならない。

（2）について　　PCタンクは，一般環境下において中性化の影響をとくに考慮する必要がない，ポルトランドセメントを用いた水セメント比50％以下の条件で適切に施工されることより，中性化に対する照査を省略してよい。ただし，混合セメントを用いる場合は，普通ポルトランドセメントを用いる場合に比べて，一般に中性化に対しては不利になるため，混合セメントを用いる場合には，中性化に対する照査を行うことを基本とする。

（3）について　　一般のPCタンクは，使用するコンクリートの水セメント比が55％以下で，空気量が4～5％である凍結融解作用の検討を考慮しなくてよい条件で施工されることより，凍結融解作用の照査を省略することができる。

10章　基礎の設計

10.1　一　般

　本章は，PCタンクの基礎構造のうち，直接基礎および杭基礎の性能照査に適用するものとする。ただし，レベル2地震動に対して耐震性能3を要求されるPCタンクの基礎の設計では，その照査を省略してよい。

【解　説】
　本章では，PCタンクの基礎の性能照査においてとくに留意する事項について示すものとする。PCタンクが建設される敷地は，地盤全体の安定が確認されていなくてはならない。基礎形式としては直接基礎と杭基礎が用いられる場合が多い。本章では直接基礎と杭基礎に関する基本事項についてのみ示すものとするが，その他の基礎形式および一般事項については，「水道施設耐震工法指針・解説」（日本水道協会），「道路橋示方書【Ⅳ下部構造編】・同解説」（日本道路協会），「LNG地上式貯槽指針」（日本ガス協会）などの関連規準に従うものとする。

10.2　設計の基本事項

（1）　PCタンクの基礎は，上部構造であるPCタンクに作用する荷重を確実に支持地盤に伝達し，力学的に安定しているとともに，有害な変位を生じてはならない。
（2）　PCタンクの基礎の要求性能は，供用性と耐震性とする。
（3）　PCタンクの基礎の性能照査は，必要な要求性能に対応した限界状態を設定し，荷重による応答値が限界値を超えないことを確認する。

【解　説】
（2）について　　供用性は，供用時の基礎構造の機能が健全で，PCタンクの安定性を確保する性能とする。
　レベル1地震動に対する耐震性は，地震後の基礎構造の機能が健全で，PCタンクの安定性を確保する性能とする。
　レベル2地震動に対する耐震性は，地震後の基礎構造に生じる損傷が，PCタンクの安定性に支障を来すことがない性能とする。

10.3　地震外力

　地震外力は8章による。

10.4 荷重および地震の影響

（1） 基礎の設計においては，自重，静水圧，土圧，雪荷重，積載荷重，および地震の影響を考慮する。
（2） 地震の影響として，構造物の重量などの起因する慣性力，地震時動水圧，地震時土圧を考慮する。
（3） 荷重は，最も不利な応答，変位が生じるように作用させる。

【解　説】
（2）について　　耐震設計上ごく軟弱な土層，水道施設に影響を与える液状化または流動化が生じると判定される砂質土層が地震時に不安定となる場合には，その影響を考慮するものとする。

10.5 応答値の算定

（1） PCタンクの安定性の検討においては，PCタンク本体を剛体として扱ってよい。
（2） 応答値の算定は，適切な解析モデルを用いて，静的解析法によるものとする。

【解　説】
　構造解析に用いる地盤反力係数は，各種調査，試験結果により得られた変形係数を用いて，基礎の載荷幅などの影響を考慮して定める。

10.6 構造物特性係数

　構造物特性係数は，8章8.7.4項による。

10.7 直接基礎の設計における限界値

（1） 供用時およびレベル1地震時の照査項目は，支持力，転倒，滑動および変位とする。
（2） 供用時およびレベル1地震時の各照査項目に対する照査方法および限界値は以下とする。
　（ⅰ） 支持力：支持力の照査は，基礎底面における鉛直方向地盤反力が，基礎地盤の鉛直支持力の限界値以下であることを確認することにより行う。
　（ⅱ） 転倒：転倒の照査は，基礎に作用する荷重の合力作用位置が供用性の照査に対しては底面幅の1/6以内，レベル1地震動の耐震性の照査に対しては底面幅の1/3以内であることを確認することにより行う。
　（ⅲ） 滑動：滑動の照査は，基礎底面におけるせん断地盤反力が基礎地盤のせん断抵抗力の

10章　基礎の設計

　　　限界値以下であることを確認することにより行う．
　　（ⅳ）　変位：変位の照査は，PCタンクを含む施設の要求性能に応じた適切な限界値を設定
　　　して行うものとする．
　（3）　レベル2地震動に対する耐震性は，その照査を省略してよい．

【解　説】
（2）について　　変位の照査における限界値は，例えば基礎地盤の変位によるPCタンクと配管との取り合いになどを考慮して定めるものとする．
（3）について　　直接基礎は一般に良好な支持層に支持されていることから，地盤の支持力に対する余裕があるため，基礎の浮き上がりによってエネルギー吸収が期待でき，また，直接基礎がこのような非線形挙動を示す場合においても地盤には過度の損傷が生じないと考えられるので，レベル2地震動に対する耐震性照査は省略してよいこととした．

10.8　杭基礎の設計における限界値

（1）　供用時およびレベル1地震時の照査項目は，支持力，引抜き力，変位および杭体断面力とする．
（2）　供用時およびレベル1地震時の各照査項目に対する照査方法および限界値は以下とする．
　（ⅰ）　支持力：支持力の照査は，杭頭における鉛直方向押込み力が，基礎の鉛直支持力の限界値以下であることを確認することにより行う．
　（ⅱ）　引抜き力：引抜き力の照査は，杭頭における鉛直方向引抜き力が，基礎の引抜き抵抗力の限界値以下であることを確認することにより行う．
　（ⅲ）　変位：変位の照査は，PCタンクを含む施設の要求性能に応じた適切な限界値を設定して行うものとする．
　（ⅳ）　杭体断面力：杭体応答値の照査は，各種杭材の性能に応じた適切な限界値を設定して行うものとする．
（3）　杭基礎のレベル2地震動の耐震性の照査は，基礎の変形性能を考慮して求めた応答塑性率が，杭基礎の塑性率の限界値以下であることを確認することにより行う．
（4）　杭基礎における底版と杭の結合は，剛結合，あるいはヒンジ結合とし，結合部の応答値が供用性と耐震性を満足する安全な構造とする．

【解　説】
（1）について　　基礎の安定性を確保する意味から，基礎の残留変位が大きくならない範囲に基礎の水平変位の制限値を抑えるのが望ましい．
（3）について　　杭基礎のレベル2地震動の耐震性の照査では，基礎構造に生じる損傷が，PCタンクの安定性に支障を来すことがない性能を確保することを目的とし，一般に塑性変形量について照査することとした．ここで，杭基礎の塑性率の限界値は，PCタンクの場合，その目安を4程度

I　貯水用円筒形PCタンク設計施工規準編

としてよい（「水道施設耐震工法指針・解説」2章2.1.7項参照）。

　なお，杭基礎のレベル2地震動の耐震性の照査は，便宜的にレベル2地震動の設計水平震度に0.5を乗じた値を設計水平震度として，レベル1地震動の耐震性の照査を行うことにより替えてもよい（「LNG地上式貯槽指針」8章8.5.1項参照）。

（4）について　　杭の結合方法は，荷重条件および地盤条件を勘案して選定する。なお，杭に引抜きが生じるような条件のもとでは剛結合としなければならない。杭と底版を剛結合するための構造細目は，「道路橋示方書【Ⅳ下部構造編】・同解説」12章12.9.3項に準じる。

11章　一般構造細目

11.1　緊張材

11.1.1　あ　き

（1）　現場で施工する場合の緊張材のシースのあきは，次の（ⅰ）～（ⅳ）によるものとする。
　（ⅰ）　シースの水平および鉛直方向のあきは，粗骨材の最大寸法の4/3倍以上としなければならない。
　（ⅱ）　内部振動機を挿入する部分の各シースあるいは各シースグループの水平方向のあきは60mm以上で，かつ内部振動機を挿入するために必要な間隔を確保しなければならない。
　（ⅲ）　やむを得ない場合には，小型シースを水平方向に2列，シースの鉛直方向に2段まで接触して配置してよい。
　（ⅳ）　各シースあるいは各シースグループの鉛直方向のあきは，シースの鉛直寸法以上とするのがよい。
（2）　プレテンション方式の場合，部材端部における緊張材のあきは，水平方向，鉛直方向ともに緊張材の直径の3倍以上とし，かつ水平方向のあきは，粗骨材の最大寸法の4/3倍以上としなければならない。また，部材端部以外の部分で緊張材を接触して配置する場合には，2段で計4本を限度とし，各グループ間には粗骨材の最大寸法の4/3倍以上のあきをとらなければならない。
（3）　緊張材同志の配置間隔が著しく広がる場合には，緊張材による応力集中の問題を考慮しなければならない。

【解　説】

（3）について　　円周方向プレストレス力による応力を解析する場合，一般にはプレストレス力による荷重を分布荷重として取扱っているが，実際にはプレストレス力による集中荷重である。したがって，とくに大型緊張材を用いたため緊張材同志の配置間隔が著しく広がる場合には，プレストレス力による集中荷重の影響を考慮する必要がある。

　解説 図11.1.1は，固定支持タンク（直径23.26m，水深7.50m）の円周方向プレストレス力による応力を，集中荷重として解析したものと分布荷重に置き換えて解析したものとを比較した一計算例である。

　最上部の緊張材（緊張力270kN）配置間隔は98cmとなっているが，集中荷重の場合も分布荷重の場合も，曲げモーメント，軸力とも最大応力の大きさはほとんど変わっていないことがわかる。

　側壁上部では，曲げモーメントが緊張材位置で多少波打っているが，断面算定に及ぼす影響はほとんどないものと考えられる。

　プレストレスは定着端からほぼ45°の広がりをもって伝達するので，定着具から設計断面までの距離が短く，かつ緊張材相互の配置間隔が広い場合には，設計断面において所定のプレストレスが

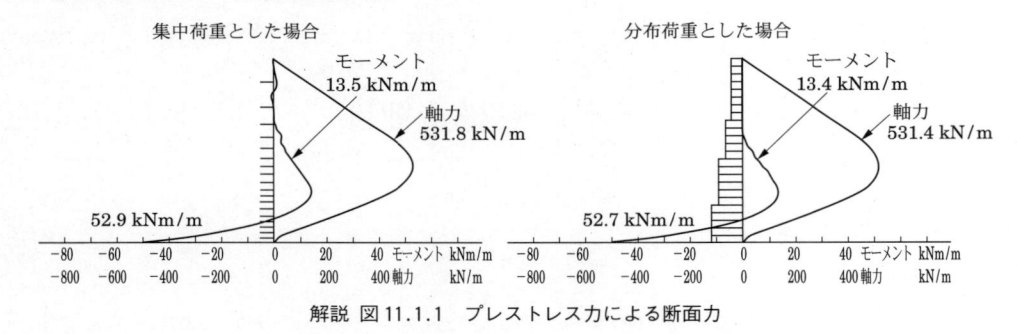

Ⅰ 貯水用円筒形 PC タンク設計施工規準編

集中荷重とした場合　　　　　　　　　　　分布荷重とした場合

モーメント 13.5 kNm/m　　　　　　　　　モーメント 13.4 kNm/m
軸力 531.8 kN/m　　　　　　　　　　　　軸力 531.4 kN/m
52.9 kNm/m　　　　　　　　　　　　　　52.7 kNm/m

解説 図 11.1.1　プレストレス力による断面力

導入されないおそれがあるので注意する必要がある。
一般的には，PC 鋼材の最大間隔を以下の値とするのが望ましい。

　　円周方向　　$L_{\max} \leqq 5t$
　　鉛直方向　　$L_{\max} \leqq 3t$

ここに，$L_{\max}$：PC 鋼材の最大間隔
　　　　t：壁厚

11.1.2　か ぶ り

（1）　かぶりは，PC タンクに要求される耐久性，構造物の重要度，施工誤差などを考慮して定めなくてはならない。
（2）　現場で PC 鋼材を配置する場合，シースのかぶりは，**表 11.1.1** に従わなければならない。
（3）　プレテンション方式の端部では，特別な防錆処理を施さなければならない

表 11.1.1　基本のかぶり

シースの配置方法	かぶりの規定
シースを分配して配置する場合	40mm 以上，かつシースの水平寸法以上
小型シースを上下 2 段に接触して配置する場合	40mm 以上，かつシースグループの水平寸法以上

【解　説】

（2）について　　工場製品の場合には，**表 11.1.1** の値を 20% まで減じてよい。
　円周方向の緊張材の定着部分は，一般的には**解説 図 11.1.2** のような配置となる。図示する位置のシースのかぶり（i）が不足しないようにピラスターの寸法を決めなければならない。

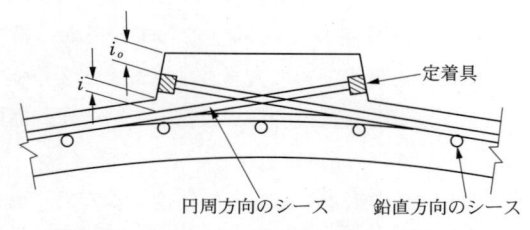

解説 図 11.1.2　ピラスター付近のシースのかぶり

11章 一般構造細目

11.1.3 緊張材の湾曲部
　緊張材を湾曲して配置する場合の曲げ半径は，特別な場合を除き，緊張材の引張強度の低下がなるべく小さくなるように，また，コンクリートに作用する支圧応力度が過大な値とならないように定めなければならない。

11.1.4 定着具および接続具の配置
（1）　各設計断面に必要なプレストレスが有効に与えられ，かつ緊張材が確実に定着されるように定着具を配置しなければならない。また，緊張材が確実に接続されるように接続具を配置しなければならない。
（2）　定着具を同一断面に多数配置する場合は，定着具の数，定着力の大きさおよび各定着具間に必要な最小間隔等を考慮して，定着部コンクリートの断面形状および寸法を定めなければならない。

【解　説】
（2）について　　側壁鉛直方向PC鋼材の場合，側壁高が高くなる時には，PC鋼材を途中で定着し，PC鋼材を接続して配置するものがある。この場合，途中定着する位置において，応力や貯水性に悪影響を与えないような配慮が必要である。
　円周方向PC鋼材の定着方法は，解説 図11.1.3に示すピラスターによる方法が一般的である。最近では，解説 図11.1.4に示すように，ピラスターを設けず，壁内部に配置した特殊な定着金具

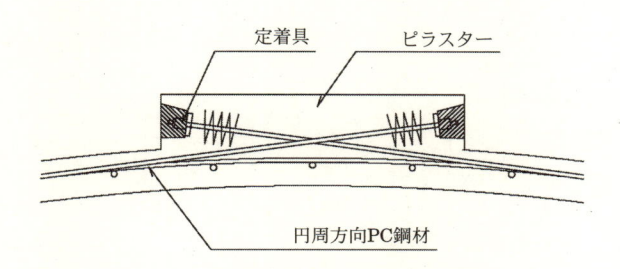

解説 図11.1.3　円周方向PC鋼材の定着（ピラスター）

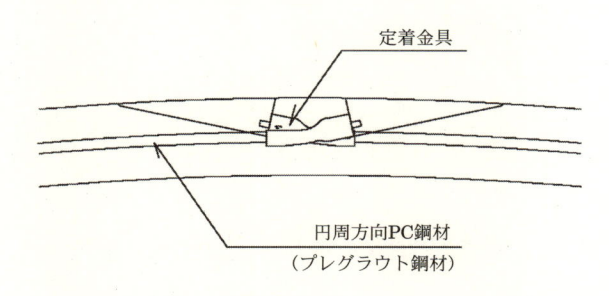

解説 図11.1.4　円周方向PC鋼材の定着（特殊定着金具）

Ⅰ 貯水用円筒形 PC タンク設計施工規準編

を用いて定着する方法もある。**解説 図** 11.1.4 に示すプレグラウト PC 鋼材とは，ポリエチレンシースで被覆された PC 鋼材に遅延型のエポキシ樹脂をあらかじめ充填してグラウト材とした緊張材である。

11.1.5 定着具の保護

　緊張材の定着部は，構造物の設計耐用期間中に破損または腐食しない構造としなければならない。

【解　説】
　円周方向の緊張材は側壁の外部に定着するのが望ましいが，外観上の理由などで内部に定着する場合には，定着部に水が入り込まないようにとくに気を付ける必要がある。また，鉛直方向の PC 鋼材を側壁の中途で定着する場合にも，定着具が水みちとなるおそれがあるので防水には十分注意する必要がある。

11.1.6 定着具付近のコンクリートの補強

　緊張材の定着部付近のコンクリートに発生する引張応力に対して鉄筋で補強しなければならない。

【解　説】
　PC 鋼材定着部の補強筋には，**解説 図** 11.1.5 に示すスパイラル筋とグリッド筋が用いられる。これら補強筋について，「プレストレストコンクリート工法設計施工指針」（土木学会）もしくは，実績のある方法に従うのがよい。

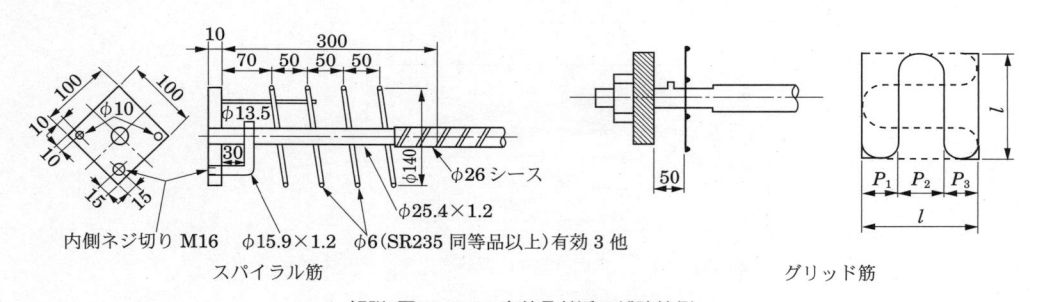

スパイラル筋　　　　　　　　　　　　　　グリッド筋

解説 図 11.1.5　定着具付近の補強筋例

11.2　鉄　　筋

11.2.1　あ　　き

　主鉄筋または主鉄筋とシースとのあきは，表 11.2.1 の規定に従わなければならない。

11章　一般構造細目

表11.2.1　主鉄筋または主鉄筋とシースのあき

鉄筋の配置方法	あき寸法の規定
鉄筋または鉄筋とシースとを分散して配置する場合	20mm以上，粗骨材最大寸法の4/3倍以上 鉄筋直径以上
鉄筋または鉄筋とシースとを上下2段に接触して配置する場合	20mm以上，粗骨材最大寸法の4/3倍以上 鉄筋あるいはシース径

11.2.2　かぶり

かぶりは，表11.2.2の規定に従わなければならない。

表11.2.2　鉄筋のかぶり

状　態	かぶり寸法
水，土に接しない部分，および水，土に接しているが，有効な保護層で保護されている部分	30mm以上
水，土に接している部分	40mm以上

【解　説】

底版の下面の鉄筋のかぶりは，均しコンクリートがある場合は40mm以上とし，ない場合は60mm以上とする。

11.2.3　用心鉄筋

（1）　温度差によってひび割れが生じる可能性の高い部位には，用心鉄筋を配置しなければならない。

（2）　収縮および温度変化などによる有害なひび割れを防ぐため，広い露出面を有するコンクリートの表面には，露出近くに用心鉄筋を配置しなければならない。

【解　説】

（1）について　新旧コンクリート打継目付近等に，温度差の影響により引張応力が生じることがある。このようなところでは，用心鉄筋を配置することが必要である。

（2）について　用心鉄筋の間隔が小さいほど，ひび割れの悪影響を軽減するのに有効であることから，細い鉄筋を小間隔に配置するのがよい。

11.2.4　溶接金網

（1）　溶接金網の重ね継手長さは，最外端の横筋間の距離をいい，横筋間隔に50mmを加えた長さ以上，かつ150mm以上とする（図11.2.1参照）。

横筋間隔の異なる溶接金網，あるいは普通鉄筋との重ね継手長さは，長い方の継手長さとする。

（2）　部材固定端における溶接金網の定着長さは，支持部材表面から最外端の横筋までの距離をいい，横筋間隔に50mmを加えた長さ以上，かつ150mm以上とする（図11.2.2参照）。

I 貯水用円筒形PCタンク設計施工規準編

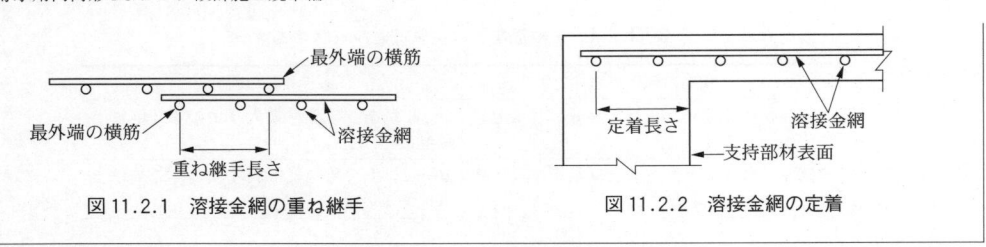

図11.2.1 溶接金網の重ね継手

図11.2.2 溶接金網の定着

11.3 継　　目

11.3.1 打　継　目

打継目の位置および方向は，構造物の強度および水密性，施工性を考慮してこれを定めなければならない。とくに，打継部は漏水の原因となるおそれがあるので，水密性を高めるための適切な処置が必要である。重要な打継目は，設計図に示すのがよい。

【解　説】

底版と側壁および側壁には，施工的に打継目が発生する。これら打継目は，漏水の可能性が高いので，次のような処置が必要である。

① 打継目のレイタンス処理を確実に行う。
② 打継目に，金属，ゴム等でできた止水板を入れる。
③ 打継面に接着剤を塗布する。
④ 打継目を跨いで，タンク内面に防水処置をする。

11.3.2 プレキャスト部材の継目

（1）独立して製作されたプレキャスト部材をプレストレスによって一体とする場合には，継目の位置および構造等を十分検討し，構造物または部材が所要の強さを発揮することができるようにするとともに，継目の貯水性についても検討しなければならない。
（2）継目の面は適切な処置をしなければならない。
（3）プレキャスト部材の目地に接する面の処理方法は，必要に応じて設計図に明示するのがよい。
（4）接着剤を用いた継目の目地は，継目が互いに密着できるような構造としなければならない。
（5）引張鉄筋の配置されていないプレキャスト部材の目地には付着を有する緊張材を配置し，その一部は引張縁の近くに配置するものとする。

【解　説】

PCタンクのプレキャスト部材の目地には，一般にコンクリート目地とモルタル目地がある。目地の例を解説 図11.3.1 に示す。

コンクリート目地では，一般に，鉄筋の継手長以上の目地幅として鉄筋を接続する。一方，モル

11章 一般構造細目

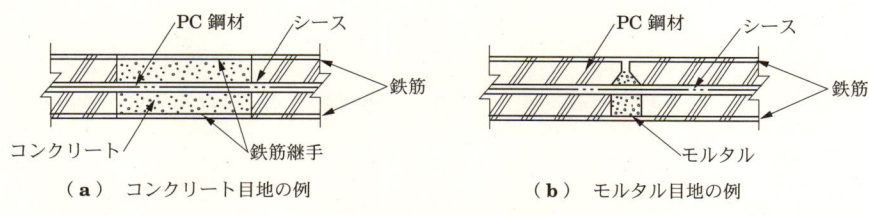

(a) コンクリート目地の例　　　(b) モルタル目地の例

解説 図11.3.1　目地の例

タル目地では，一般に，できるだけ目地幅を小さくし，鉄筋は接続しない。

11.4　開口部の補強

屋根，側壁，底版に開口部を設ける場合には，応力集中などによるひび割れに対して，十分安全なように補強しなければならない。とくに水に接する部分の開口部にあっては，漏水が生じないような配慮をする必要がある。

【解　説】

配管などのために開口部を設ける箇所は，水圧やプレストレス力によって大きな応力を受ける側壁をできるだけ避けて底版にするのがよい。

側壁に開口部を設けなければならない場合には，とくに慎重に開口部周辺の応力集中を検討して補強しなければならない。

開口部は比較的応力の小さい部分に設け，一般には解説 図11.4.1のように補強筋を配置する。

開口部を設けたため配置できなくなった主鉄筋および配力鉄筋は，各断面において所要鉄筋量を満足するように開口部の周辺に配置しなければならない（解説 図11.4.1参照）。

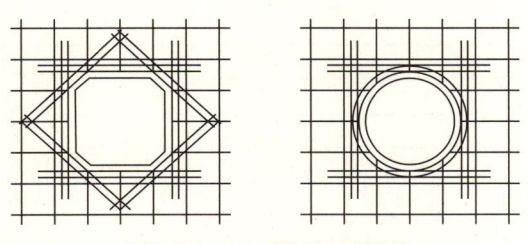

解説 図11.4.1　開口部の補強例

12章　PCタンク施工

12.1　一　般

（1）本章は地上に建設されるPCタンクの性能を実現するためにとくに必要な事項についての標準を示す。

（2）PCタンクを施工する場合には，設計図書に記載されている施工順序に従うとともに，各施工段階における施工精度が構造物の安全度に及ぼす影響を考慮して，施工しなければならない。

【解　説】

（1）について　　PCタンクに用いるコンクリートの要求性能については，通常のコンクリートと基本的に同じであるため，本章ではとくにPCタンクの施工で必要となる事項について述べることとした。したがって，この章で述べていないことは「コンクリート標準示方書【施工編】」（土木学会）に従うものとする。

（2）について　　プレストレストコンクリートは，施工方法や施工順序によっては，部材の施工時における応力の大きさが著しく異なり，ときには危険な応力状態を生じることもある。したがって，施工にあたっては設計図書に示された方法により，その影響の程度を十分に把握して入念に施工することが必要である。

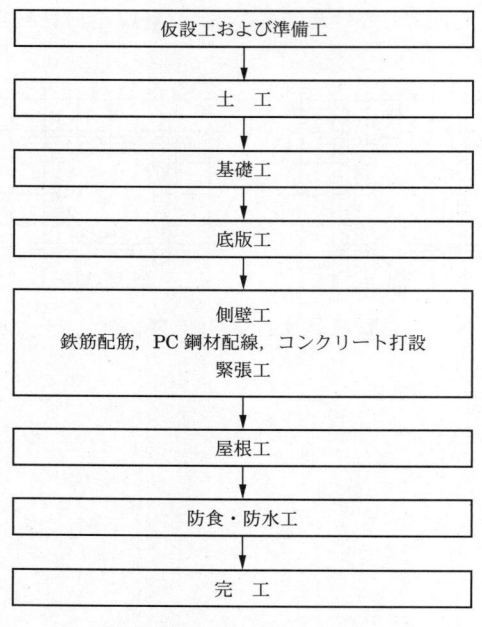

```
仮設工および準備工
      ↓
     土　工
      ↓
     基礎工
      ↓
     底版工
      ↓
     側壁工
鉄筋配筋，PC鋼材配線，コンクリート打設
     緊張工
      ↓
     屋根工
      ↓
   防食・防水工
      ↓
     完　工
```

解説　図 12.1.1　施工のフロー

PCタンクは屋根，側壁，底版の3部材から成り立っている。一般的な施工のフローを**解説 図 12.1.1**に示す。

12.2 緊 張 工

緊張材は，それを構成するおのおのの緊張材に所定の引張力が与えられるように緊張しなければならない。また，緊張材を順次緊張する場合は，各段階においてコンクリートに有害な応力が生じないようにしなければならない。

【解　説】

側壁において，鉛直方向と円周方向の両方にプレストレスを導入する場合には，導入順序として，先に鉛直方向プレストレスを導入してから円周方向プレストレスを導入することを原則とする。これは，円周方向プレストレスによる側壁鉛直方向曲げモーメントが大きく，これに起因する曲げひび割れが懸念されるからである。

また，ドームリング部の円周方向プレストレスは，ドーム屋根完成後に導入することを原則とする。これは，屋根荷重によるドーム水平スラストと，ドームリング部プレストレスとが釣合うことで，球形ドームの膜応力状態が成立するからである。

円周方向の緊張材を定着するピラスターは，4箇所以上の偶数箇所で等間隔に配置されるのが一般的である。導入プレストレス力は，緊張材の摩擦等により減少し円周方向に均一とはならない。したがって，プレストレス力ができるだけ均一となるよう，**解説 図 12.2.1**に示すような，上下段緊張材の定着位置を交互にずらして緊張を行うのが一般的である。

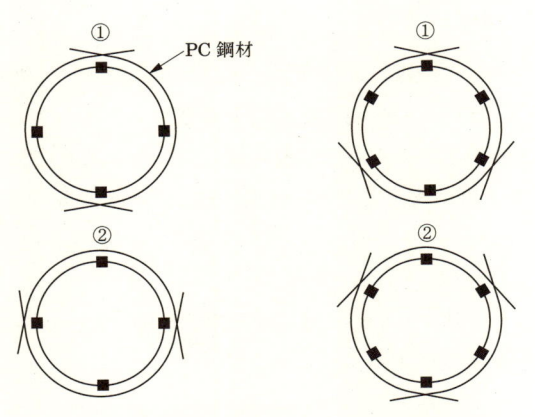

①－②－①－のように上下に，交互に緊張する。
■ はピラスターの位置
ピラスターが4ヶ所の場合　　ピラスターが6ヶ所の場合

解説 図 12.2.1　ピラスターの配置と緊張材の定着の関係

12.3 施工段階におけるひび割れ

コンクリートの打継目では,温度ひび割れが発生しないか,その表面ひび割れ幅が要求された性能に有害な影響を与えないよう,適切な処置を施さなくてはならない。

【解　説】

底版に鉛直打継目を設けて,数回でコンクリートを打設する場合や,底版と側壁が固定構造の場合,新たに打ち継いだコンクリートに,コンクリートの硬化熱に起因する温度ひび割れが入る場合がある。このような現象が考えられる場合には,事前に温度ひび割れ解析を実施したり,発熱量が小さなコンクリートの配合を選択したり,硬化熱を下げるような養生を行ったり,万が一にひび割れが発生した場合に,そのひび割れ幅を制御するために付加的な鉄筋を配置したりすることが重要である。一般にはマスコンクリートで行われている対策に従うのがよい。このひび割れは多くのファクターが複雑に影響するので,一般にはひび割れの発生やひび割れ幅の予測が困難である。よって,ひとつの対策に頼らず,複数の対策を併用することが重要である。

12.4 防水工および防食工

12.4.1 防　水　工

屋根面を防水する場合には,下地の状態,気象条件および期待する防水効果に応じて,それに最も適した防水工法を用いなければならない。

【解　説】

一般にドーム屋根では,降水量の多寡および密度,単位時間降雨量,降雪にあっては積雪量,温度については年間を通じての温度差,昼夜の温度差等を考慮して,アスファルト防水,モルタル防水,塗膜防水,シート防水等各種工法のうちから最も適したものを選択しなければならない。各種工法の詳細については,「建築工事標準仕様書・同解説 JASS 8 防水工事」(日本建築学会)を参照。

12.4.2 防　食　工

側壁内面のコンクリートを保護するためには,水道水と接触して,水質に悪影響を及ぼさず必要な物性を備えた塗装をするのがよい。

13章 付帯設備

13.1 付帯設備の種類

PCタンクの標準的な付帯設備には以下のようなものがある。
（ⅰ） 避雷針
（ⅱ） 換気装置
（ⅲ） 人孔および検査孔
（ⅳ） 昇降設備
（ⅴ） 配管

【解　説】

　PCタンクの標準的な付帯設備を**解説 図 13.1.1** に示す。各付帯設備に要求される性能を満足することを確認し，設置しなければならない。付帯設備については，「水道施設設計指針・解説」（日本水道協会）に従うものとする。

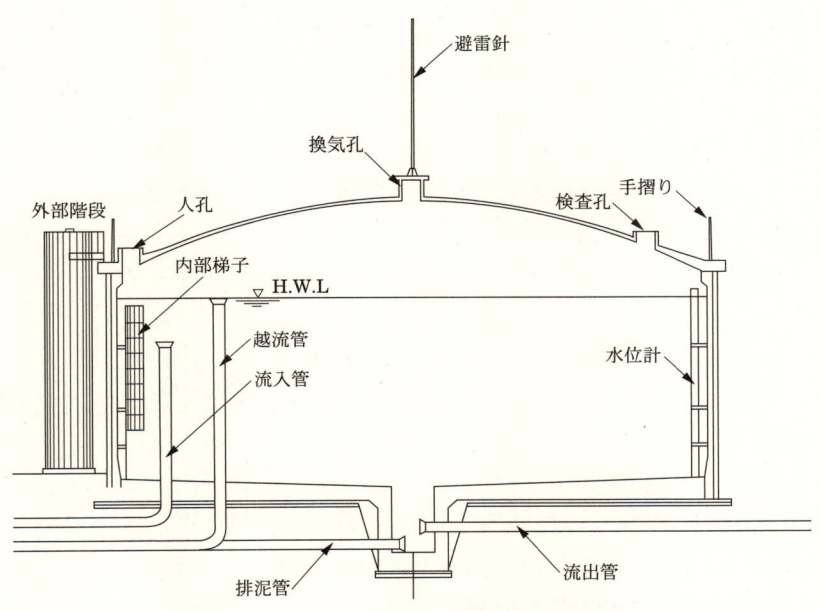

解説 図 13.1.1　PCタンクの標準的な付帯設備

13.2 避雷針

　タンクの高さが地上より20mを越えるものは避雷針を設けなければならない。それ以下の

I 貯水用円筒形 PC タンク設計施工規準編

> 高さの場合でもとくに落雷のおそれのあると思われる場合には設置するのがよい。

【解　説】
　建築基準法では，構造物の高さで避雷針の設置基準を決めているが，PC タンクの場合，定着部への落雷は，タンクの崩壊に至らなくても PC 鋼材等の強度低下を招き，タンク破損の原因となるので，原則として避雷針を設ける。避雷針は突針部と引火導線と接地電極からなっており，突針の先端から 60 度の範囲がその保護範囲となる。

13.3　換気装置

　PC タンクには，換気装置を設けなければならない。換気装置は，次の事項に適合しなければならない。
（1）　一日最大給水量の流量に相当する空気量が自由に出入りできる換気面積を有し，その数はできるだけ少なくすること。
（2）　外部から雨水，じんあいおよび小動物等が入らない構造とすること。

13.4　越流管

　越流管は，次の各項に適合しなければならない。
（1）　高水位に設け，らっぱ口またはせきとすること。
（2）　越流能力は，PC タンクの面積，余裕高および流入量を考慮して決定すること。
（3）　越流管の吐き口における高水位は，タンクの高水位より低くすること。

13.5　流入管

　流入管には，タンク内の修理，点検および清掃のために PC タンクを空にするための遮断用の制水弁を設けなければならない。

【解　説】
　本体と管理設部は基礎条件や荷重条件が異なり不同沈下が発生する場合があるので，必要に応じて伸縮管や可とう性の伸縮継手を構造物に近接して設ける。

13.6　排泥管

　排泥管は，維持管理および補修時などにおいて PC タンク内の水および泥等を排除することを目的とする。

【解　説】

　排泥管は，沈殿物の排除を容易にするためにPCタンク底の最低部を開口とし，排泥管の口径は低水位以下の水量や排水時間も考慮して決定するが，一般には，流入管径の1/3〜1/2程度を目安とし，排水先の流下能力とＰＣタンク内水の排水時間等を勘案のうえ，管径を決定する。排泥管には制水弁を必ず設ける。また，排泥ピットを設け，これを流出ピットと兼用する場合もある。このとき排泥管の管底はピット底に合わせることが望ましい。

13.7　流　出　管

　タンクの流出管は，次の各項に適合しなければならない。
（１）　流出管の流出口中心高は，低水位から管径の2倍以上低くすること。
（２）　遮断用バルブを設置すること。また，不足の事故および地震による災害により，送水管が破損し貯留水が流出することによる損害を小さくするために，重要度に応じて緊急遮断弁の設置について検討する必要がある。

【解　説】

　本体と管理設部は基礎条件や荷重条件が異なり不同沈下が発生する場合があるので，必要に応じて伸縮管や可とう性の伸縮継手を構造物に近接して設ける。

II 貯水用円筒形PCタンク設計マニュアル編

1 一　　　般

> 本マニュアルでは，PCタンクおよびその構成部材の供用性，構造安全性，耐久性および耐震性に関する照査において設定する限界状態とその照査方法，ならびにこれらの前提条件である構造細目等の，とくに必要となる事項の標準を示すものである。

【解　説】

本マニュアルでは，一般的形状を有する通常のPCタンク各部材（屋根・側壁・底版）についての標準的な設計方法について示す。なお，一般的形状のPCタンクとは，容量が30 000m³程度以下で直径に対する水深の比が1程度以下のものをいう。

水道用PCタンクの標準的な設計フローを**解説 図1.1**に示す。

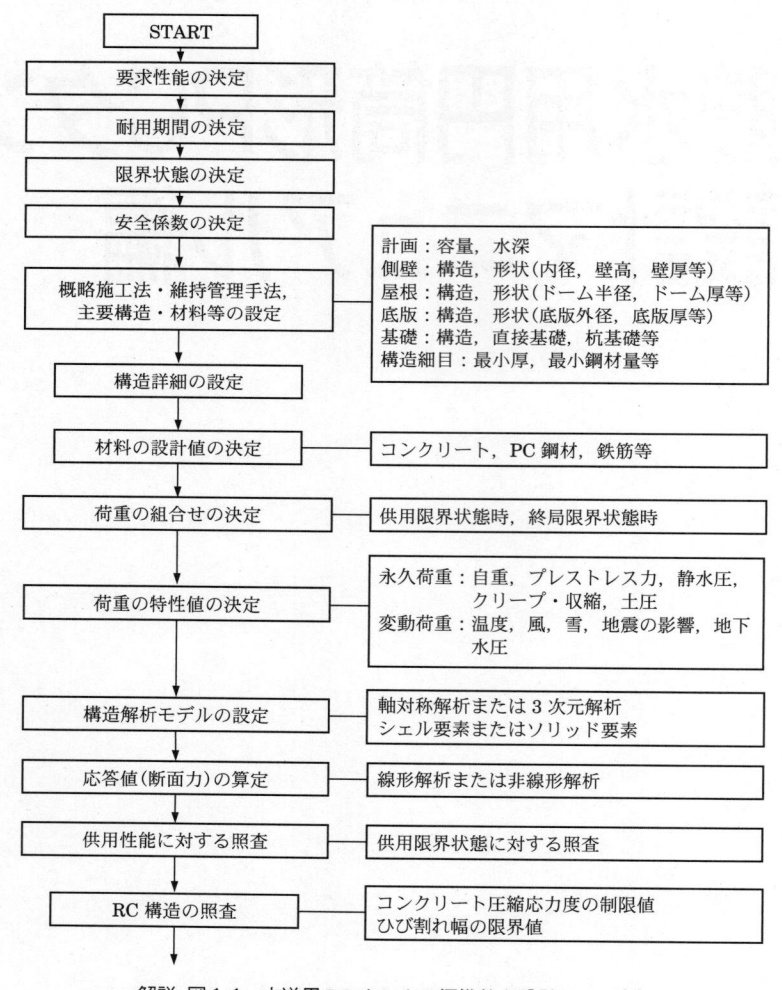

```
           START
             │
             ▼
     要求性能の決定
             │
             ▼
     耐用期間の決定
             │
             ▼
     限界状態の決定
             │
             ▼
     安全係数の決定
             │
             ▼
 概略施工法・維持管理手法，───── 計画：容量，水深
 主要構造・材料等の設定            側壁：構造，形状（内径，壁高，壁厚等）
             │                     屋根：構造，形状（ドーム半径，ドーム厚等）
             ▼                     底版：構造，形状（底版外径，底版厚等）
     構造詳細の設定                 基礎：構造，直接基礎，杭基礎等
             │                     構造細目：最小厚，最小鋼材量等
             ▼
     材料の設計値の決定 ───── コンクリート，PC鋼材，鉄筋等
             │
             ▼
     荷重の組合せの決定 ───── 供用限界状態時，終局限界状態時
             │
             ▼                     永久荷重：自重，プレストレス力，静水圧，
     荷重の特性値の決定 ─────         クリープ・収縮，土圧
             │                     変動荷重：温度，風，雪，地震の影響，地下
             │                               水圧
             ▼
     構造解析モデルの設定 ───── 軸対称解析または3次元解析
             │                     シェル要素またはソリッド要素
             ▼
     応答値(断面力)の算定 ───── 線形解析または非線形解析
             │
             ▼
     供用性能に対する照査 ───── 供用限界状態に対する照査
             │
             ▼
     RC構造の照査 ───────── コンクリート圧縮応力度の制限値
                                   ひび割れ幅の限界値
```

解説 図1.1　水道用PCタンクの標準的な設計フロー(1)

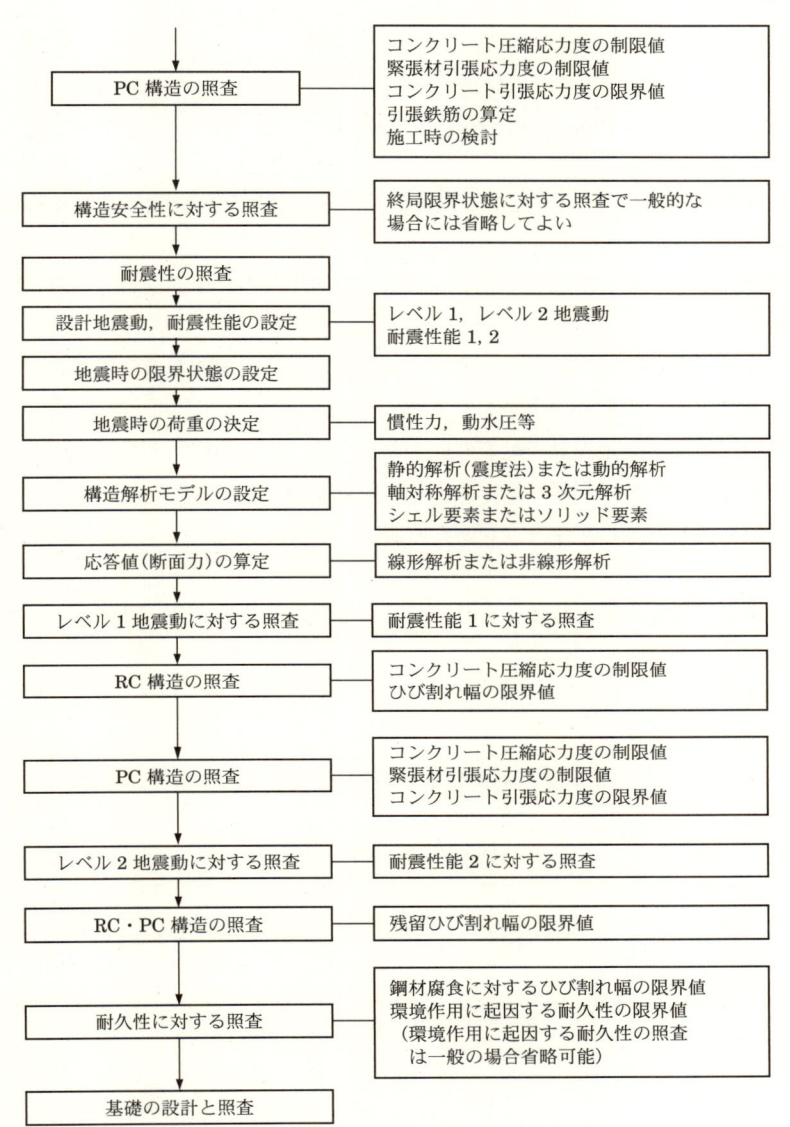

1 一 般

```
    ↓
[PC構造の照査] ─── コンクリート圧縮応力度の制限値
                  緊張材引張応力度の制限値
                  コンクリート引張応力度の限界値
                  引張鉄筋の算定
                  施工時の検討
    ↓
[構造安全性に対する照査] ─── 終局限界状態に対する照査で一般的な
                            場合には省略してよい
    ↓
[耐震性の照査]
[設計地震動,耐震性能の設定] ─── レベル1,レベル2地震動
                                耐震性能1,2
[地震時の限界状態の設定]
    ↓
[地震時の荷重の決定] ─── 慣性力,動水圧等
    ↓
[構造解析モデルの設定] ─── 静的解析(震度法)または動的解析
                          軸対称解析または3次元解析
                          シェル要素またはソリッド要素
    ↓
[応答値(断面力)の算定] ─── 線形解析または非線形解析
    ↓
[レベル1地震動に対する照査] ─── 耐震性能1に対する照査
    ↓
[RC構造の照査] ─── コンクリート圧縮応力度の制限値
                  ひび割れ幅の限界値
    ↓
[PC構造の照査] ─── コンクリート圧縮応力度の制限値
                  緊張材引張応力度の制限値
                  コンクリート引張応力度の限界値
    ↓
[レベル2地震動に対する照査] ─── 耐震性能2に対する照査
    ↓
[RC・PC構造の照査] ─── 残留ひび割れ幅の限界値
    ↓
[耐久性に対する照査] ─── 鋼材腐食に対するひび割れ幅の限界値
                        環境作用に起因する耐久性の限界値
                        (環境作用に起因する耐久性の照査
                         は一般の場合省略可能)
    ↓
[基礎の設計と照査]
```

注) 農業用の場合のレベル2地震動に対しては,耐震性能3に対する照査で,構造部材が断面破壊に至らないことを照査する。

解説 図1.1 水道用PCタンクの標準的な設計フロー(2)

2 要求性能，限界状態および耐用期間の設定

（1） PCタンクの用途は，主に水道用と農業用であり，供用性，構造安全性，耐震性および耐久性について照査する。

（2） 供用性は，貯水性能と防水性能とし，引張応力発生限界，ひび割れ発生限界，ひび割れ幅限界の照査とする。

（3） 構造安全性は，終局限界状態で，最大耐荷性能による断面破壊の限界状態により照査する。一般に，構造安全性の照査は省略してよい。

（4） 耐震性は，レベル1地震動の耐震性能1およびレベル2地震動の耐震性能2もしくは耐震性能3に対しておのおのの限界状態を設定して照査する。

（5） 耐久性は，鋼材腐食に対するひび割れ幅限界，環境作用に起因する耐久性限界の照査とする。

（6） 耐用期間は，使用目的，経済性より求められる要求性能であり，計画において定められる。

【解　説】

（1）について　　PCタンクの用途別の要求性能は解説 表2.1に示す通りである。

解説 表2.1 要求性能

要求性能 部位	供用性		構造安全性		耐震性					耐久性	
					レベル1地震動		レベル2地震時				
					耐震性能1		耐震性能2		耐震性能3		
	水道用	農業用	水道用	農業用	水道用	農業用	水道用	農業用	水道用	水道用	農業用
屋根部	防水性能	−	断面耐力		防水性能	−	防水性能		断面耐力	耐久性能	
側壁部・底版部	貯水性能				貯水性能		貯水性能				

（2）について　　貯水性能は，水が貯水されている側壁部と底版部に要求される性能で，部材の水密性から定める限界状態より照査する。屋根部，側壁部，底版部の外面の貯水性は要求されないが，水道用タンクでは外部からの雨水，汚染物質などの混入を遮断する防水性能は求められる。防水性能については部材の水密性を検討することで照査できる。なお，農業用PCタンクでは，一般的に防水性能の照査を省略することができる。

（4）について　　レベル1地震時における耐震性能1に対する限界状態は，供用性や機能確保に関する限界状態で，タンクの貯水性能の限界状態である。レベル2地震時における耐震性能2に対する限界状態は，主に水道用タンクでの限定的な機能確保に対する限界状態で，耐震を考慮した貯水性能の限界状態である。レベル2地震時における耐震性能3に対する限界状態は，断面破壊の限界状態である。

（5）について　　耐久性は，鋼材腐食に対するひび割れ幅限界に対する照査を行うものとし，塩化

物イオン侵入に伴う鋼材腐食，中性化，凍結融解等の環境作用に起因する耐久性限界に対する照査は，一般的な PC タンクの場合には本照査を省略することができる。

（6）について　　耐用期間は，供用目的・経済性より定まる計画された時点で求められる要求事項である。水道用タンクはライフラインに組み込まれた恒常的に稼働する施設で，その耐用期間は相当の期間が要求されるのが一般的である。定められた耐用期間に対して検討する必要がある。

3 PCタンクの構造

3.1 屋根部の構造

PCタンク屋根の構造形式は，PCタンクの形状，用途，景観などを考慮して決定する。
（1） 球形ドーム屋根の場合は，球面シェルの特性を考慮しドーム部，ドーム裾部，ドームリング部の形状，構造形式を定めなければならない。
（2） ドーム部，ドーム裾部はRC構造を原則とする。
（3） ドームリング部にはプレストレスを与えることを原則とする。
（4） 最小鉄筋量は，ドームの緯線および経線方向，ドームリング部の円周方向に断面積の0.25％以上とする。
（5） スラブ屋根の場合は，支柱形式，ラーメン形式などその構造系に応じた形状，構造形式を定めなればならない。

【解 説】

PCタンクの屋根には，ドーム屋根，スラブ屋根などがあり，鉄筋コンクリート構造（以下RC構造という）とするのが一般的である。

（1）について　球形ドーム構造は柱を設けずにドームの裾を側壁で支持するもので，側壁と屋根の結合はドームリング部を介して固定もしくはヒンジ構造としている例が多い。PCタンクの屋根として最も一般的な構造である。

ライズ‐スパン比は大きくなると施工性が悪くなり，小さくなると水平スラスト（半径方向水平反力）が大きくなる。国内の実績においては，ドームの開角（α_d）を30°としたライズスパン比1/8程度が多く用いられている（**解説 図3.1.1**）。

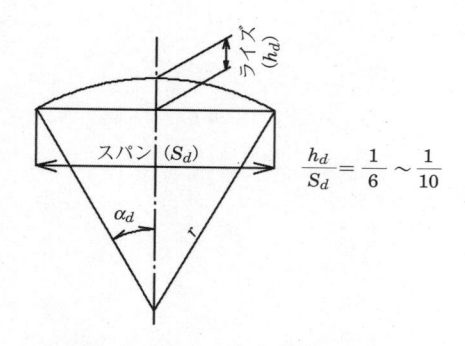

解説 図3.1.1　ドームのライズ‐スパン比

$$\frac{h_d}{S_d} = \frac{1}{6} \sim \frac{1}{10}$$

ドーム部は，主たる発生断面力が軸力となるため部材厚はきわめて薄くできる。コンクリートの施工性，球形ドームの座屈による安定性，国内の実績等を考慮し最小厚は12cmとしてよい。

ドーム屋根と側壁はドームリング部を介して固定もしくはヒンジ結合とする場合が多く，結合条件を満足しうる構造としなければならない（**解説 図 3.1.2**）。

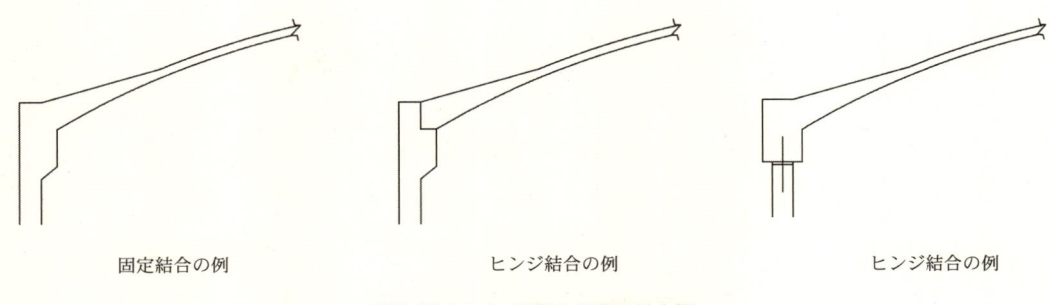

解説 図 3.1.2　屋根と側壁の結合例

（左）固定結合の例　（中）ヒンジ結合の例　（右）ヒンジ結合の例

ドーム縁端部に発生する水平スラストは，ドームリング部にプレストレスを作用させ対応させるが，プレストレスを適切に作用させても曲げモーメントの影響を避けられないことから，ドーム裾部は断面を厚くするのが一般的である（**解説 図 3.1.3**）。

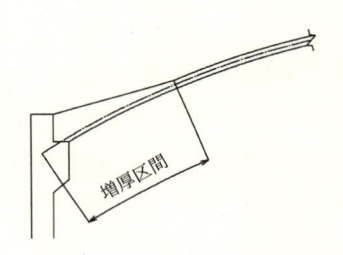

解説 図 3.1.3　ドームの裾部の増厚

余裕高は，弁系統の故障や誤操作などにより，一時的に水位が計画高水位を超えた場合にドームが揚圧力を受けないように定める（**解説 図 3.1.4**）。

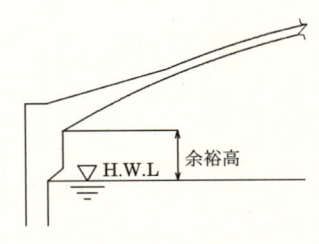

解説 図 3.1.4　余裕高

（2）について　　ドーム部は部材図心に鉄筋を配置し，ドーム裾部は複鉄筋配置とするのが一般的である（**解説 図 3.1.5**）。

（3）について　　ドームリングにプレストレス力を与える場合，ドーム縁端部に発生する水平スラストにバランスするように，プレストレス導入力や鋼材配置を適切に定めなければならない（**解説**

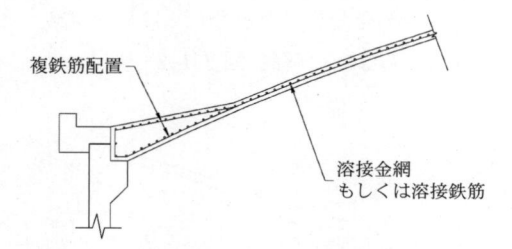

解説 図 3.1.5　屋根部配筋例

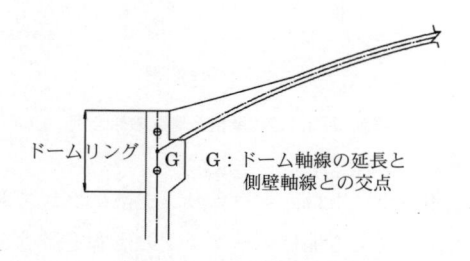

解説 図 3.1.6　緊張材配置例

図 3.1.6)。

（5）について　スラブ屋根は一般に柱を有するフラットスラブや，梁とスラブを組み合わせたものが多い。スラブ屋根においても，解説 図 3.1.4 に示す余裕高を必要とする。

この時のスラブ厚さは 15cm 以上とし，細目については他の指針を参考にして決めるのがよい。

柱を設けた場合は，スラブ屋根ならびに底版との接合部に対する検討が必要である。

3.2　側壁部の構造

PC タンクでは側壁のみをプレストレストコンクリート構造（以下 PC 構造という）とし，少なくとも側壁の円周方向にプレストレスを導入するものとする。側壁は底版との結合法により，自由，ヒンジ，固定の 3 つの支持形式に大別される。

（1）　側壁部は円筒構造を基本とし，円筒シェルの特性，屋根部・底版部との結合形式等を考慮し側壁部材の構造を定めなければならない。

（2）　側壁部は PC 構造を原則とする。

（3）　側壁の鉛直方向は RC 構造としても良い。

（4）　側壁の最小鉄筋量は，円周・鉛直方向とも断面積の 0.25％以上とする。ただし，側壁下端から高さ 1.0m もしくはハンチ高さが 1.0m を越える場合にはハンチ全高さまでの円周方向の最小鉄筋量は 0.45％以上とし，側壁下端が半径方向の変形に追従できる場合には 0.35％まで低減することができる。

（5）　支持形式が固定もしくはヒンジ支持で，長期にわたって空水状態で放置されるタンクでは最小鉄筋量は以下のとおりとする。

（i）　側壁下端から高さ 1.0m もしくはハンチ高さが 1.0m を越える場合にはハンチ全高さ

までの円周方向の最小鉄筋量は断面積の 1.5% とする。
（ⅱ）　固定支持では側壁下端から高さ 1.0m もしくはハンチ高さが 1.0m をこえる場合にはハンチ高さまでの鉛直方向外側，ヒンジ支持では鉛直方向曲げモーメント最大点の前後 1.0m の鉛直方向内側の最小鉄筋量は，断面積の 0.25% とする。

【解　説】

（1）について　　側壁部は円筒状の薄い部材で，部材中央部に緊張材，内外面側に格子状鉄筋が配置された構造が一般的である。

　側壁の最小厚さは，コンクリート中に埋め込む PC 鋼材，シースならびに鉄筋のかぶり，コンクリート打設時の施工性などを考慮して，現場打ち施工による場合は 25cm，プレキャスト部材の場合 17cm とするのが一般的である。

　側壁下端の構造（側壁と底版の結合方法）は，タンクの規模，作用する荷重，側壁下端構造の特性，水密性，耐久性，耐震性，施工性などを考慮し決定しなければならない。

　側壁下端の支持形式は，一般に自由支持，ヒンジ支持および固定支持があり，中にはプレキャスト工法のように円周方向プレストレス導入時は自由支持としておき，その後ヒンジ支持もしくは固定支持とするような組み合わせもある。

（ⅰ）　自由支持

　底版に対して側壁の回転および水平方向変位を許す側壁下端と底版の結合方法で，理想的な自由支持であれば，鉛直方向の曲げモーメントは発生しない。

　自由支持では，底版上に設置されたゴム沓上に側壁を構築し，ゴム沓のせん断変形を利用して半径方向の変形を許す構造が一般的である。この場合，地震時のせん断力を受け持つための特殊な耐震用アンカー（耐震ケーブル）が用いられる。

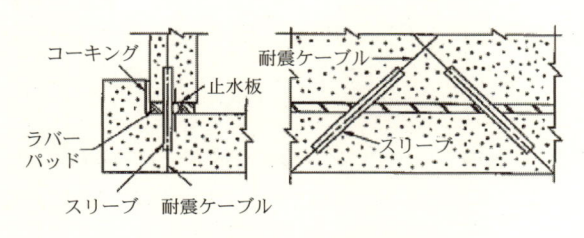

解説 図 3.2.1　自由支持の例

（ⅱ）　ヒンジ支持

　底版に対して，側壁の回転のみを許す側壁下端と底版との結合方法で，底版上に設置したゴム沓上に側壁を構築し，半径および円周方向変位を拘束するアンカーを用いる構造が一般的である。アンカー材としては鉄筋や PC 鋼材が用いられる。

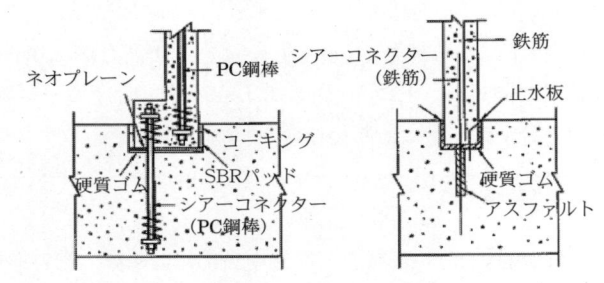

解説 図 3.2.2 ヒンジ支持の例

（ⅲ） 固定支持

底版に対して，側壁の回転および水平方向の変位を許さない側壁下端と底版との結合方法である。

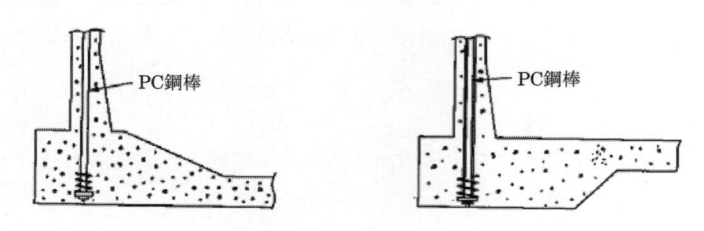

解説 図 3.2.3 固定支持の例

これらの構造形式には一長一短があり，一般的には自由，ヒンジ，固定支持の順に後者ほど水密性は高まるが，シェルとしての応力特性を阻害しないという点においては，前者ほど優れているといえる。

わが国では，一般的に現場施工で行う場合は固定支持が多く採用されている。工場で側壁部材を製作し，現場で組み立てる構造のプレキャストタンクでは自由支持，ヒンジ支持および固定支持が採用されている。

側壁下端の支持構造を，理想的な自由，ヒンジおよび固定支持の状態につくることは困難である。したがって，各形式共それぞれの構造特性が損なわれないように，設計，施工の面から十分な配慮をしなければならない。

自由支持はゴム支承を用いた構造とするのが一般的であるが，支承材の力学的特性（硬さ，せん断弾性係数，圧縮ひずみ率等）によりわずかではあるが側壁下端には拘束力が作用する。また，地震時には耐震ケーブルにより側壁下端に非軸対称な拘束力が作用する。これらを考慮しゴム支承，耐震ケーブルの選定，解析方法の検討を行い構造特性を保持するようにしなければならない。

ヒンジ支持ではゴム支承とアンカーボルトを用いた構造とするのが一般的である。アンカーに鉛直方向 PC 鋼棒等を用いる場合は，緊張された PC 鋼材はせん断強度が低下するため応力検討は十分に行わなければならない。

固定支持では側壁下端の曲げモーメントが大きくなるためハンチを設けた構造とするのが一般的

である．ハンチ厚は側壁厚以下とし，それ以上の厚さが必要となる場合は側壁厚自体を増すのが望ましい．鉛直方向鋼材は直線に配置し，側壁下端断面にプレストレス力による偏心モーメントを作用させ荷重によるモーメントを打ち消す構造とする場合が多い．

(2)について　側壁部は，円周方向に緊張材が配置されプレストレス力が導入されるPC構造を原則とする．側壁部の鉛直方向も緊張材を配置したPC構造とするのが一般的である．

側壁中央に鉛直方向緊張材を，その外側に円周方向緊張材を配置するのが一般的であるが，プレキャストタンクのように中央に円周方向緊張材を，内外面側に鉛直方向緊張材を配置する構造もある．

(i)　円周方向の緊張材は，水圧などの荷重による円周方向フープテンション（引張応力）を打ち消すために配置する．円周方向の緊張材を定着するピラスター（定着用突起部）は等間隔に配置し，その数は4以上の偶数とする場合が多い．

導入プレストレス力は，緊張材の摩擦などにより減少し円周方向には均一とはならない．したがって，プレストレス力ができるだけ一様となるよう，**解説 図3.2.4**に示すようにピラスターを配置して緊張力の平均化を図るのがよい．

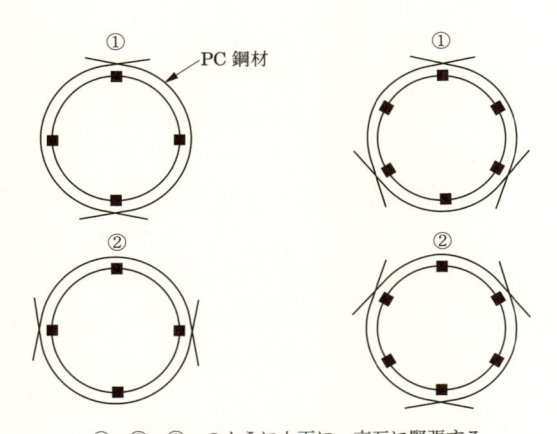

①－②－①－のように上下に，交互に緊張する．
■はピラスターの位置
ピラスターが4ヶ所の場合　　ピラスターが6ヶ所の場合

解説 図3.2.4　ピラスターの配置と緊張材の定着の関係

円周方向プレストレス力の目安としては，**解説 図3.2.5**に示すように"静水圧に相当する力と余裕圧縮力（$0.5 \sim 1.0 N/mm^2$ に相当する力）の和"を与えるのが一般的である．

ただし，タンクの規模や検討荷重，側壁下端の構造系が変化するような場合には，設計荷重による発生応力に応じたプレストレスを詳細に検討し定めるのが基本である．

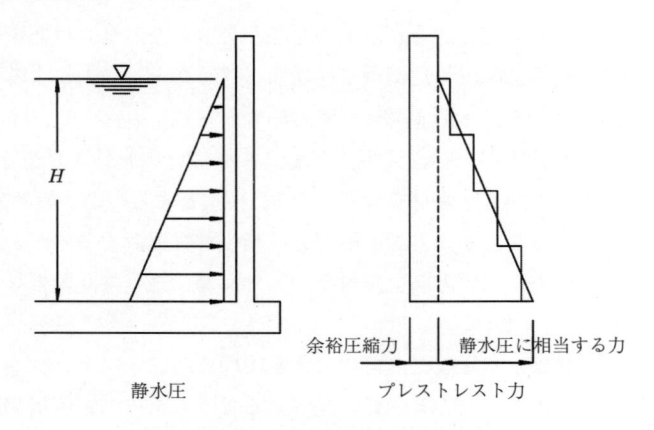

解説 図3.2.5 プレストレス力の与え方

（ii） 側壁下端がヒンジ支持あるいは固定支持の場合には，屋根および側壁の自重，静水圧，円周方向プレストレス力，地震時動水圧などにより，鉛直方向に軸方向力や曲げモーメントが生じる。これらに対しては鉛直方向に緊張材を配置し，プレストレスを導入することとする。

鉛直方向PC鋼材は，その他の鋼材の配置やコンクリート打設などの施工性を考慮して，側壁断面中心に配置するのが一般的である。プレキャスト部材の場合で，プレテンション方式でプレストレスを導入する場合は，プレキャスト部材の中心に対称に配置されたPC鋼材により，プレストレス力は軸方向力として側壁に導入される。

固定支持の場合では，下端部断面に確実にプレストレスを与えられるよう，緊張材の定着部は底版内に必要長分だけ埋め込まれる。

側壁の高さが比較的高い場合，設計曲げモーメントの最大点で決定される緊張材の本数が側壁全高さにわたって必ずしも必要でないため，緊張材の一部を側壁高さの中間で定着して本数を減らすような場合もある。ただしこの場合，緊張定着を行うのに必要なコンクリート強度が発現するまで施工を中断したり，その定着部が水みちとなって水密性が阻害される可能性が生じるなどに留意して設計・施工をしなければならない。

鉛直方向PC鋼材の配置間隔は等間隔とし，鉛直方向へのプレストレスが一様になるように配置する。

（iii） ピラスターの形状は，使用する緊張材の定着工法の違いにより定着部が異なるため，寸法の決定に当たっては「プレストレストコンクリート工法設計施工指針」（土木学会）などを参考にして決めるのがよい。

緊張材の種類，配置方法の決定にあたっては，緊張力，定着間隔，施工性等を考慮して決定する。

また，定着具から設計断面までの距離が短く，かつ，緊張材相互の配置間隔が広い場合には，設計断面において所定のプレストレスが導入されないおそれがあるので注意する必要がある。

一般的には，緊張材の最大間隔を，以下の値以下とするのが望ましい。

　円周方向　　$L_{max} \leq 5t$

　鉛直方向　　$L_{max} \leq 3t$

ここに，L_{max}：緊張材の最大間隔
　　　　　t：側壁厚

（3）について　　鉛直方向に水平打継目のないプレキャストタンクや，現場打ちタンクでも容量が1 000m³以下で，側壁高さが5m以下のものであれば，RC構造として設計しても良いものとする。

（4）について　　国内外の規準ならびに指針などを参考にして，鉛直・円周方向共に0.25％とした。ただし，壁下端部の円周方向は，水が早期に満たされて乾燥収縮の影響が小さい場合でも，用心のために割増しを行った。

（5）について　　長期間にわたって空水状態で放置される場合，側壁と底版との乾燥収縮の進行度に差が生じると，側壁下端に不静定力が生じ，側壁下端部の円周方向に軸引張力が発生し，また空水時の最大モーメントを増加させる鉛直方向モーメントが生じる。この荷重を正しく定量的に定めることが困難であることから，従来の実績を参考にして（4）項の場合と同様に，最小鉄筋量で規定することとした。コンクリートの材齢，各部材の乾燥収縮度の進行度，クリープの影響等を適正に考慮し解析した場合は，この規定によらなくても良い。なお，プレキャスト工法のように乾燥収縮等の影響が問題とならないと思われる場合もこの規定によらなくても良い。

3.3　底版部の構造

　PCタンク底版部の構造は，上部の荷重による基礎の変形や沈下にその剛性で抵抗すると同時に水密性が求められる構造で，円版状のRC構造とするのが一般的である。

（1）　底版部は円版構造を基本とし，円版シェルの特性，側壁部との結合形式を考慮し底版部材の構造を定めなければならない。

（2）　底版部はRC構造を原則とする。

（3）　底版の一方向の最小鉄筋量は，その断面積に表3.3.1の値を乗じたものとする。

表3.3.1　底版の一方向の最小鉄筋比

厚さ t_s (cm)	15以下	15〜100	100以上
最小鉄筋比(％)	0.45	$0.45-(t_s-15)\dfrac{0.2}{85}$	0.25

【解　説】

　側壁自重などが集中し大きな応力が発生する端部では，部材厚を増すことが一般的で，この部分をリングプレートと呼ぶ。底版の基礎は，地盤の状況に応じ直接基礎あるいは杭基礎とするのが一般的である。

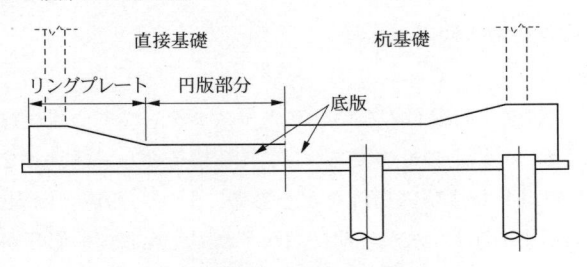

解説 図 3.3.1　底版の施工例

（1），（2）について　　側壁と底版の接合部分では，側壁と同等以上の剛性を底版にもたせて安定した構造とするため，底版の厚さは側壁下端の厚さ以上する。側壁との結合が固定構造の場合には，鉛直方向の緊張材の定着部の応力伝達も考慮しなければならないため厚さを増すのが一般的で，この部分をリングプレートと呼び30cm以上とする場合が多い。

　底版の中央付近の円版部分はリングプレート部に比べ発生応力は小さく厚さを薄くすることができるが，水密性を要求される部材であり底版の上下面に鉄筋を配筋することを考慮し20cm以上とするのが一般的である。

　リングプレート部に側壁鉛直方向緊張材が定着されている場合は，底版のコンクリート強度は $30N/mm^2$ 以上必要である。この場合，底版全体のコンクリート強度も $30N/mm^2$ 以上とするのが一般的である。コンクリート強度を下げる場合には緊張材定着部分の詳細検討を行わなければならない。

　タンクの基礎が杭基礎の場合は，底版と杭の結合は剛結合またはヒンジ結合とし，適切な結合構造となるようにしなければならない。底版をフラットスラブ構造とする場合は，杭とスラブの剛性を考えてスラブの厚さは杭径以上としなければならない。

4 設計荷重

（1） PCタンクの設計は，各限界状態で考慮する荷重の組み合わせに対し行う。
（2） 各限界状態の設計荷重は，その限界状態に応じた荷重を設定し，その荷重の特性値に荷重係数を乗じて定める。
（3） 荷重係数は1.0とする。

【解　説】
（1）について　　一般的なPCタンクで通常考慮する設計荷重としては，自重，静水圧，プレストレス力，土圧などの永久荷重，積載荷重，雪荷重，温度の影響などの変動荷重，および地震の影響などである。

　一般的なPCタンクで通常考慮する設計荷重と，各限界状態での標準的な組み合わせを**解説 表 4.1**に示す。

　土圧は，満水状態ではPCタンクに安全側に働くため，通常は空水状態での組み合わせのみ考慮する。変動荷重として風荷重も考えられるが，PCタンクではその影響が小さく一般的には考慮されない。雪荷重は変動荷重ではあるが，積雪地域においては永久荷重として取り扱われる。

　耐久性の照査は，供用限界状態における荷重条件で検討する。

（3）について　　主たる荷重が水圧であるPCタンクでは，終局限界状態となる荷重の組み合わせを想定することは難しく，終局限界の照査は省略してもよい。

解説 表4.1 標準的な設計荷重の組合せ

		供用性照査（耐久性照査）			耐震性照査
		施工時	供用時		地震時
		永久荷重	永久荷重＋変動荷重		永久荷重＋地震の影響
		施工時	空水時	満水時	満水時
屋根部	自重	○	○	○	○
	リング部プレストレス力	○	○	○	○
	積載荷重	−	○	○	−
	雪荷重	−	△	△	△
	地震時慣性力	−	−	−	○
側壁部	自重	○	○	○	○
	鉛直方向プレストレス力	○	○	○	○
	円周方向プレストレス力	○	○	○	○
	静水圧	−	−	○	○
	温度荷重	−	−	△	−
	土圧	−	△	−	−
	地震時慣性力	−	−	−	○
	地震時動水圧	−	−	−	○
底版部	自重	○	○	○	○
	静水圧	−	−	○	○
	地震時慣性力	−	−	−	○
	地震時動水圧	−	−	−	○

注）○：荷重を考慮する
　　△：適宜荷重を考慮する

5 構造解析

(1) 供用限界状態，および終局限界状態の検討に用いる断面力の算定は，線形解析によって行う．
(2) 有限要素法を用い，軸対称薄肉シェル要素として解析してよい．
(3) 屋根，側壁，底版を一体とした構造で解析することを原則とする．
(4) 耐震性照査は以下事項を標準とする．
  (i) 解析は軸対称薄肉シェルモデルで有限要素法により行ってよい．
  (ii) 静的線形解析を標準とする．

【解 説】

(1),(2)について　一般的形状を有する通常のPCタンクの解析は，構造を軸対称薄肉シェルにモデル化し有限要素法により行うものとした．

(3)について　構成部材ごとに解析を行うことも可能であるが，構成部材同士の接合点の境界条件等を適切に定めることは難しく，解析結果の調整，補正が必要となる．全体モデルとすることで，部材相互の影響を適切に評価することができる．

モデル化の例を**解説 図**5.1に示す．

モデル化に当たっての留意事項を次に示す．

(i) 直接基礎の地盤ばね

屋根，側壁，底版の各構成要素を一連の全体系としたモデルにおいては，底版の下の地盤の影響を鉛直方向分布ばね，水平方向分布ばねにモデル化し評価するのが一般的である．この際，それぞれのばね定数は適切な方法で定めなければならない．

① 鉛直方向ばね：基礎の平面寸法が大きい場合には，底版を剛体として扱えないので，底版の

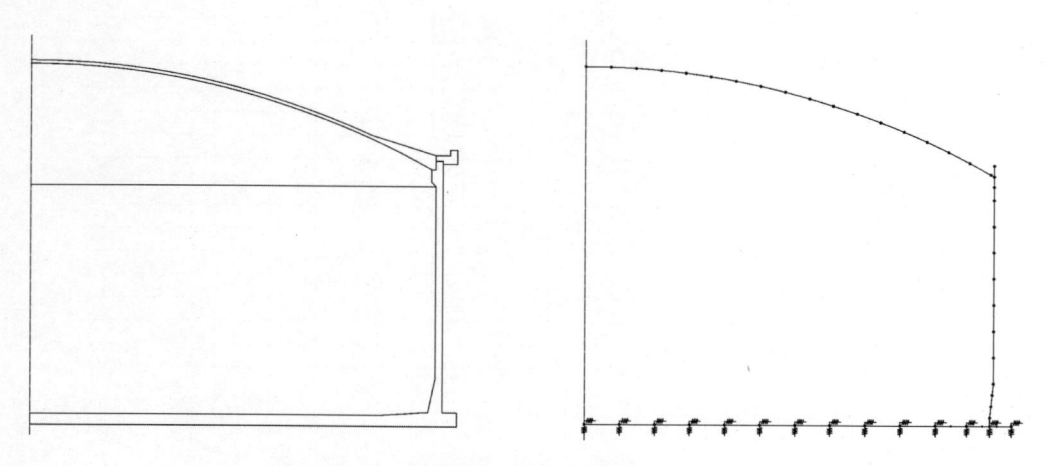

解説　図5.1　各構成要素を一連の全体系としたモデル

解説 表5.1 鉛直方向地盤反力係数 k_V (kN/m³)

	普通地盤	堅固な地盤
供用時	100 000	1 000 000
地震時	200 000	2 000 000

剛性および地盤の鉛直ばねを考慮して設計すること。

解析に用いる鉛直方向ばねを地盤の特性から定まる鉛直方向地盤反力係数 k_V として評価してよい。

地盤反力係数は，各種の調査，試験結果により得られた変形係数を用いて，基礎の載荷幅等を考慮して定める。「道路橋示方書【Ⅳ下部構造編】・同解説」（日本道路協会）に示される地盤反力係数 k_V は数m程度の比較的小さな載荷幅および剛体フーチングを前提としており，PCタンクの底版のような比較的広い載荷幅で，しかも，変形を前提とするものにそのまま適用すると，実際よりも小さく評価された k_V を求めるおそれがあるので十分注意する必要がある。

一般的形状の PC タンクに関する鉛直方向地盤反力係数 k_V は，「水道用プレストレストコンクリートタンク設計施工指針・解説」（日本水道協会）に示される解説 表5.1 の値を用いてよい。

② 水平方向ばね：解析に用いる水平方向ばねを地盤の特性から定まる水平方向せん断地盤反力係数 k_V として評価してよい。

水平方向せん断地盤反力係数の推定方法を次に示す。これによって求めた値は地盤条件，基礎の設計条件等を考慮して総合的に判断するのが望ましい。

$$k_s = \lambda k_V$$

ここに，k_s：水平方向せん断地盤反力係数（kN/m³）
　　　　λ：鉛直方向地盤反力係数に対する水平方向せん断地盤反力係数の比で，$\lambda = 1/3 \sim 1/4$ とする。

(ⅱ) 杭基礎のモデル化

杭基礎のモデル化は，杭の配置を考慮して，杭のばねを決定し PC タンクの構造解析を行いその断面力により底版の設計を行う。軸対称シェル構造として構造解析する場合には，格子状の杭配置の影響等が考慮できないので別途検討して処理しなければならない。一般に，杭のばね定数は，「道路橋示方書【Ⅳ下部構造編】・同解説」によって定めてよい。

(ⅲ) 構造物のモデル化

① モデルの軸線：軸線は部材断面の図心に一致させるのを原則とする。ただし，部材厚の変化による軸線の変化の影響が大きい場合を除き，一般に部材厚の変化による図心線の変化は無視して良い。底版部では中央部と端部で部材厚を変化させる場合が多いが，軸線変化による影響が無視できる程度であるので直線モデルとする場合が一般的である。側壁下端が固定結合でハンチを設け鉛直方向にプレストレスを導入している場合は，プレストレス力の偏心による影響が大きくなるため，軸線は必ず部材断面の図心に一致させるのがよい。

② 部材の結合部：底版と側壁，側壁と屋根部の結合構造としては固定結合，ヒンジ結合が考えられるため，これら実際の結合条件を満足するようなモデル化を行わなければならない。とくに固定結合の場合には，隅角部の領域を剛域として考慮したモデルとするのがよい。剛域の考慮方

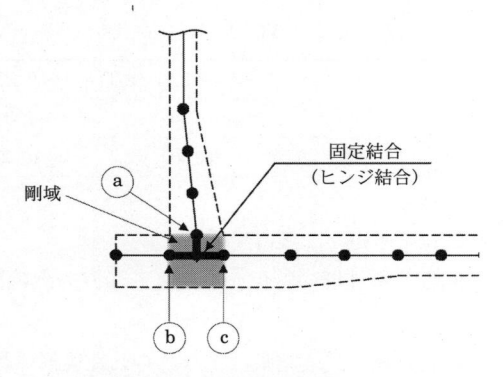

Ⅱ 貯水用円筒形 PC タンク設計マニュアル編

解説 図 5.2 底版と側壁部結合部のモデル例

法としては，隅角部部材の部材厚や弾性係数を近隣部材の数倍程度とすることで行うのが一般的である。剛域を考慮したモデル化をした場合には，**解説 図 5.2** に示した a～c の応答値に対して設計することが望ましい。

（ⅳ） 荷重の載荷

荷重の分布状態を単純化したり，動的荷重を静的荷重に置き換えたりするなど，実際のものと等価または安全側のモデル化を行ってもよい。

プレストレス力などは等価な外力として，分布荷重，集中荷重として載荷してよい。

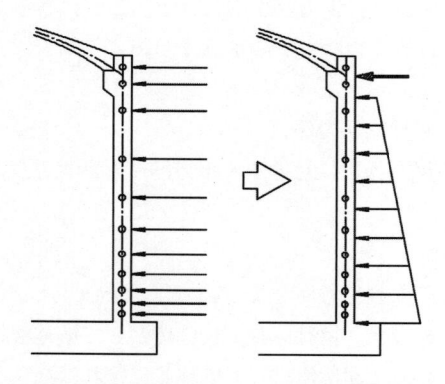

解説 図 5.3 円周方向プレストレス力載荷例

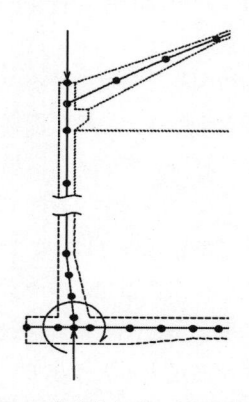

解説 図 5.4 鉛直方向プレストレス力載荷例

① 円周方向プレストレス力：側壁断面に垂直に与えられるプレストレス力は，側壁外側よりタンク中心方向に外力に置換し載荷するのが一般的である。鋼材配置位置に集中荷重として載荷すれば，より実状に近い載荷方法といえるが，鋼材の最大配置間隔などの規定を満足しているのであれば，分布荷重に置換しても解析精度上は問題ない。ドームリング部へのプレストレスは，ドームと側壁部の結合節点に集中荷重として載荷してよい（**解説 図**5.3）。

② 鉛直方向プレストレス力：プレストレス力相当分を外力として側壁上端に載荷する場合は，軸圧縮力となるよう上端荷重による反力相当分の外力を下端側に載荷しなければならない。また，ハンチによる偏心の影響も反力として考慮しなければならない（**解説 図**5.4）。

（4）について　一般的形状を有する通常の PC タンクの地震時の解析も，軸対称薄肉シェルモデルで有限要素法により行ってもよいものとした。地震時荷重のような逆対称荷重でもフーリエ級数に展開すれば軸対称問題として取り扱かえること，解析が容易に行えること等より定めた。

また，一般的形状を有する通常の PC タンクは剛性が高く，地震時において剛体として挙動することが試算などにより確認されている。したがって，特別な動的特性を考慮する必要はなく，静的解析でよいとした。ただし，耐震性能2の照査については，非線形解析が有効となる場合があり，適宜判断して用いるものとする。

6 供用性の照査

6.1 一 般

PCタンクの供用性は，貯水性能および防水性能とし，RC部材ではひび割れ幅限界状態を照査し，PC部材では引張応力発生限界状態もしくはひび割れ発生限界状態を照査するものとする。

【解 説】

一般のPCタンクにおいては，側壁部がPC構造，底版部および屋根部がRC構造として設計される。おのおのの構造に定められる供用限界状態について照査するものとする。

6.2 RC部材の照査

RC部材の供用性は，応答値の鉄筋応力度から求められるコンクリートの表面ひび割れ幅が，表6.2.1に示すひび割れ幅の限界値以下であることを確認することにより照査するものとする。

部材内面に有効な防食処理を施す場合には，荷重条件にかかわらず一般の水密性を条件とするひび割れ幅の限界値0.2mmを採用してよいものとする。

表6.2.1 RC部材の供用性に対するひび割れ幅の限界値

部材位置	荷重組合せ	ひび割れ幅の限界値	備 考	
部材内面 （水に接する部材）	永久荷重	0.1mm	高い水密性	貯水性能
	永久＋変動荷重	0.2mm	一般の水密性	
部材外面 （水に接しない部材）	永久荷重	0.2mm	一般の水密性	防水性能
	永久＋変動荷重			

【解 説】

RC部材の曲げひび割れ幅は，Ⅰ編6章6.2.3項に示される式(6.2.1)により算定するものとする。なお，曲げモーメントおよび軸方向力によるコンクリートの引張応力度が，コンクリートの曲げ強度f_{bck}より小さい場合，曲げひび割れ幅の検討を行わなくてよい。面内せん断の影響を受けるひび割れは，ひび割れ幅の予測は困難であることより，これを発生させないこととする。

RC部材のひび割れ幅は，耐久性に対するひび割れ幅の限界値による照査が必要である。よって，設計では，供用性と耐久性を比較してより厳しい限界値によりひび割れ幅を照査することとする。

6.3 PC 部材の照査

PC 部材の供用性は，応答値から求まる曲げモーメントおよび軸方向力によるコンクリートの引張応力度が，表6.3.1に示すコンクリートの引張応力度の限界値以下であることを確認することにより照査するものとする。

表6.3.1 PC部材の供用性に対するコンクリートの引張応力度の制限値

部材位置	荷重組合せ	限界状態	限界値	備考	
部材内面 （水に接する部材）	永久荷重	引張応力発生限界	0N/mm²	高い水密性	貯水性能
	永久＋変動荷重	ひび割れ発生限界	曲げ強度 f_{bck}	一般の水密性	
部材外面 （水に接しない部材）	永久荷重	ひび割れ発生限界	曲げ強度 f_{bck}	一般の水密性	防水性能
	永久＋変動荷重				

【解 説】

コンクリートの応力度が引張応力となる場合には，Ⅰ編6章6.3.3項に示される式(6.3.1)に従い鉄筋で補強しなければならない。

供用時の貯水性能，防水性能を確保するには，施工時においてもひび割れ発生限界を満足しなければならないと判断される。よって，施工時の曲げモーメントおよび軸方向力によるコンクリートの引張応力度は，検討時点におけるコンクリートの圧縮強度の特性値より求まるコンクリートの曲げ強度以下であることを確認しなければならない。

プレキャスト部材の場合，鉄筋が連続していない部位においては常に引張応力を発生させないものとする。

6.4 応力度の制限値

（1） コンクリートの曲げ圧縮応力度および軸圧縮応力度の制限値は，$0.4f'_{ck}$ の値とする。

（2） 緊張材の引張応力度の制限値は，$0.7f_{puk}$ の値とする。

【解 説】

応力度の制限値は，照査の前提条件である。PC 部材の場合，施工時においてもⅠ編6章6.3.4項に示されるように，コンクリートの応力度および緊張材の応力度に制限が設けられていることにより，これに従わなければならない。

7　構造安全性の照査

> 一般的なPCタンクでは，屋根，側壁，底版の各部において終局限界状態となる荷重状態は想定されないことより，終局限界状態に対する照査は省略してよい。

【解　説】
　各部材の終局限界状態に対する照査を行う場合には，主たる応答値（断面力）により求められる設計断面力が，おのおのの部材が保有している断面耐力を満足することを確認することにより行う。

8 耐震性の照査

8.1 一　般

　PCタンクの耐震性照査は，地震時荷重状態に対して適切な解析により求められる応力度，ひび割れ幅および断面力が，おのおのの部材に定められた応力度の限界値，ひび割れ幅の限界値，残留ひび割れ幅の限界値および断面耐力限界値を満足することを確認することにより行う。

【解　説】

　耐震性の照査は，震度法で行うことを原則としている。大規模である場合および特殊な場合には，動的解析，非線形解析を適宜選択することが合理的である。この場合の耐震性能照査の照査フローを解説 図8.1.1に示す。

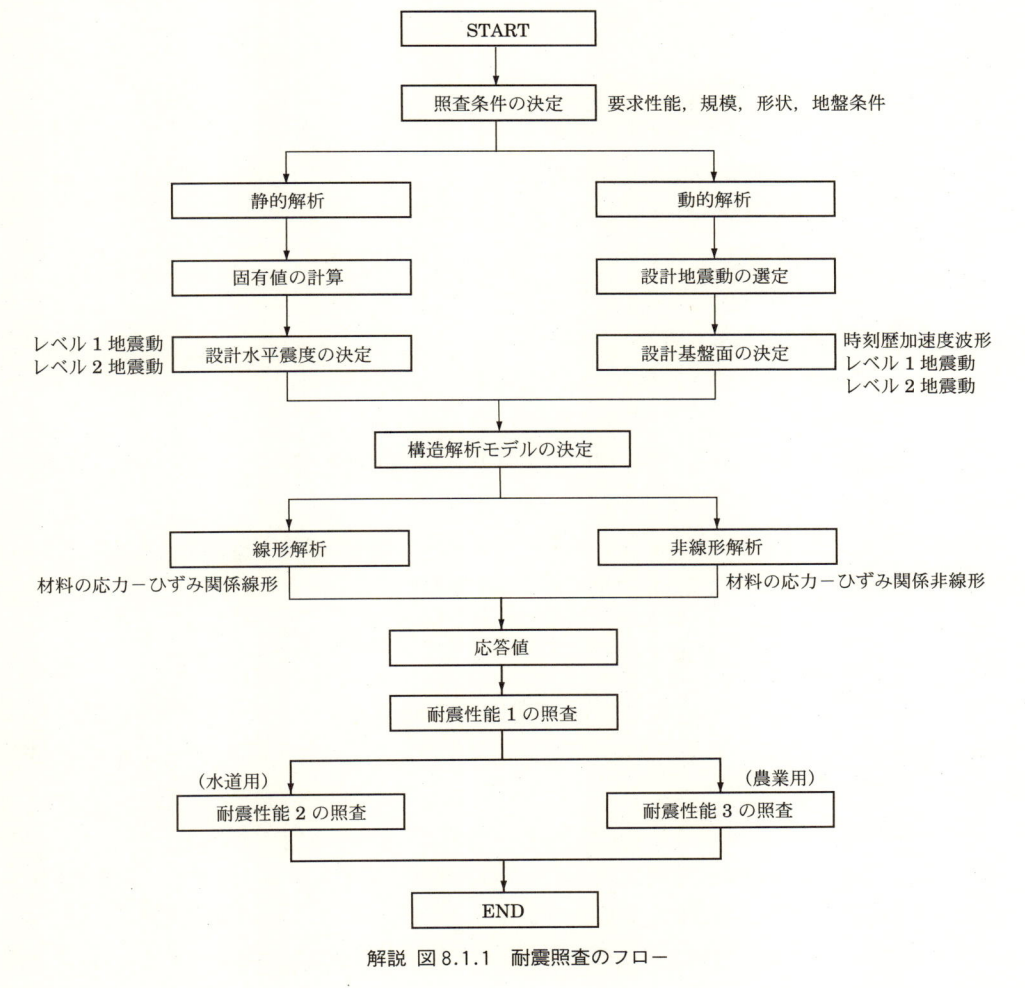

```
                        START
                          │
                    照査条件の決定      要求性能，規模，形状，地盤条件
                   ┌──────┴──────┐
                静的解析          動的解析
                   │                │
              固有値の計算      設計地震動の選定
                   │                │
レベル1地震動                                        時刻歴加速度波形
レベル2地震動  設計水平震度の決定  設計基盤面の決定   レベル1地震動
                                                    レベル2地震動
                   └──────┬──────┘
                    構造解析モデルの決定
                   ┌──────┴──────┐
                線形解析          非線形解析
         材料の応力－ひずみ関係線形     材料の応力－ひずみ関係非線形
                   └──────┬──────┘
                         応答値
                          │
                    耐震性能1の照査
                   ┌──────┴──────┐
               （水道用）          （農業用）
            耐震性能2の照査      耐震性能3の照査
                   └──────┬──────┘
                         END
```

解説 図8.1.1　耐震照査のフロー

なお，ドーム屋根の場合には，地震が屋根構造に与える影響は小さいと考えられることより，耐震性の照査を省略するものとする。

線形解析により，レベル2地震動に対する機能保持である耐震性能2の照査が満足されなかった場合において，ただちに断面寸法や鋼材量を増加させるのではなく，非線形解析により再照査することが望ましい。とくにPCタンクでは，円周方向軸引張力によるひび割れが発生すると，部分的な剛性が著しく低下し，これによる応答値への影響が大きい。この影響を考慮できるのが非線形解析である。

8.2 地震動

（1） 静的解析に用いるレベル1地震動およびレベル2地震動の設計水平震度は，PCタンクに適用される標準加速度応答スペクトルを用いて，おのおの式（8.2.1），式（8.2.2）により求めるものとする。

$$k_{h1} = \frac{S_0}{g} \tag{8.2.1}$$

$$k_{h2} = C_s \frac{S_I}{g} \tag{8.2.2}$$

ここに，k_{h1}：レベル1地震動の設計水平震度
　　　　k_{h2}：レベル2地震動の設計水平震度
　　　　S_0：レベル1地震動の加速度応答スペクトル（解説 表8.2.1）
　　　　S_I：レベル2地震動の加速度応答スペクトル（解説 表8.2.2）
　　　　C_s：構造物特性係数
　　　　　　耐震性能2を照査する場合　$C_s=1.00$
　　　　　　耐震性能3を照査する場合　$C_s=0.45$
　　　　g：1 000gal

（2） 設計水平震度を求める場合に用いるPCタンクの固有周期は，解析的に求めるか，実績のある算定方法により求めるものとする。

（3） 動的解析を実施する場合には，PCタンクに適用される標準加速度応答スペクトルに適合するように振幅調整した加速度波形を用いることを原則とする。

【解　説】

（1），（2）について　　PCタンクに適用される標準加速度応答スペクトルは，I編8章の図8.4.1および図8.4.2を示す。これら標準加速度応答スペクトルは，以下に示す**解説 表8.2.1**および**解説 表8.2.2**と同じである。

PCタンクの固有周期は，I編8章8.4.4項の式（8.4.2）で求めるものとする。

（3）について　　PCタンクの耐震性照査は，静的解析を基本と定めている。しかし，地震動に対するPCタンクの応答を知るには動的解析が必要となる。また，PCタンクの規模が大きい場合や特殊性がある場合における耐震性能2の照査に動的非線形解析が有効となる場合が考えられる。動

解説 表8.2.1　レベル1地震動の標準加速度応答スペクトル S_0

地盤種別	固有周期 $T(S)$ に対する標準加速度応答スペクトル S_0 (gal)		
Ⅰ種地盤 [$T_G<0.2$]	$T<0.1$ $S_0=431T^{1/3}$ ただし，$S_0≧160$	$0.1≦T≦1.1$ $S_0=200$	$1.1<T$ $S_0=213/T^{-2/3}$
Ⅱ種地盤 [$0.2≦T_G<0.6$]	$T<0.2$ $S_0=427T^{1/3}$ ただし，$S_0≧200$	$0.2≦T≦1.3$ $S_0=250$	$1.3<T$ $S_0=298/T^{-2/3}$
Ⅲ種地盤 [$0.6≦T_G$]	$T<0.34$ $S_0=430T^{1/3}$ ただし，$S_0≧240$	$0.34≦T≦1.5$ $S_0=300$	$1.5<T$ $S_0=393/T^{-2/3}$

解説 表8.2.2　レベル2地震動の標準加速度応答スペクトル S_I

地盤種別	固有周期 $T(S)$ に対する標準加速度応答スペクトル S_I (gal)		
Ⅰ種地盤 [$T_G<0.2$]	$T<0.2$ $S_I=2\,291T^{0.515}$ ただし，$S_I≧700$	$0.2≦T≦1.0$ $S_I=1\,000$	$1.0<T$ $S_I=1\,000/T^{-1.465}$
Ⅱ種地盤 [$0.2≦T_G<0.6$]	$T<0.2$ $S_I=5\,130T^{0.807}$ ただし，$S_I≧800$	$0.2≦T≦1.0$ $S_I=1\,400$	$1.0<T$ $S_I=1\,400/T^{-1.402}$
Ⅲ種地盤 [$0.6≦T_G$]	$T<0.30$ $S_I=2\,565T^{0.631}$ ただし，$S_I≧600$	$0.3≦T≦1.5$ $S_I=1\,200$	$1.5<T$ $S_I=2\,003/T^{-1.263}$

的解析には時刻歴加速度応答波形を用いるものとする。

動的解析を行う場合の地震動は，PCタンクに対して定めた標準加速度応答スペクトルと適合するように定めることを原則とする。

最新の知見によれば，釧路沖地震や三陸南地震は，従来にみられない一般的PCタンクの固有周期0.1～0.3秒と一致する短周期振動が卓越した地震動である。これらの地震動は，標準加速度応答スペクトルよりも大きな応答を与える可能性がある。よって，動的解析を行う場合には，PCタンクの設置場所と過去の地震記録等を参照して，適切な地震動を検討することが必要な場合もあると考えられる。

8.3　耐震性能の照査

（1）　レベル1地震動に対する耐震性能1は，ひび割れ発生限界状態もしくはひび割れ幅限界状態を，表8.3.1に示す限界値により照査する。

（2）　レベル2地震動に対する水道用PCタンクの耐震性能2は，残留ひび割れ幅限界状態を残留ひび割れ幅の限界値により照査する。

残留ひび割れ幅の限界値は，表8.3.2に示す鋼材ひずみの限界値で照査してよいものとする。

ただし，応答値より求めたコンクリートの発生引張応力度がコンクリートの曲げ強度以下である場合には，耐震性能2の照査は省略してよい。

Ⅱ 貯水用円筒形 PC タンク設計マニュアル編

表8.3.1 ひび割れ発生もしくはひび割れ幅限界状態における限界値

構造種別	限界状態	限界値
PC	ひび割れ発生	f_{bck}
RC	ひび割れ幅	0.2mm

注) f_{bck}：コンクリートの曲げ強度

表8.3.2 耐震性能2の照査における残留ひび割れ幅限界状態と限界値

構造種別		残留ひび割れ幅限界値	鋼材ひずみの限界値
PC	軸引張応力	0.1mm	$2\,200\mu$
	曲げ引張応力	0.2mm	$2\,600\mu$
RC	曲げ引張応力	0.2mm	$2\,600\mu$

注) 軸引張応力の場合は，余裕圧縮応力度が 1.0N/mm² の場合

（3） レベル2地震動に対する農業用 PC タンクの耐震性能3は，部材断面破壊に対する照査を式（8.3.1）により行うものとする。

$$\gamma_i S_d / R_d \leq 1.0 \tag{8.3.1}$$

ここに，S_d：設計断面力
　　　　R_d：設計断面耐力
　　　　γ_i：構造物係数＝1.0

【解　説】

（1）について　　耐震性能1は，貯水性能，防水性能であり，PC 部材では，ひび割れ発生限界状態を，RC 部材では，ひび割れ幅限界状態を照査することとした。ひび割れ幅限界状態の限界値は，一般の水密性に対するひび割れ幅として定めた。ひび割れ幅の算定は，供用性に対する照査と同様とする。

（2）について　　耐震性能2は，レベル2地震動後においても貯水性能を保持することにより，供用性における水密性を参照して残留ひび割れ幅を限界値としている。現状において，残留ひび割れ幅を直接求めることが難しく，Ⅰ編8章の解説 表8.9.1 に示される実験結果に基づいた鋼材のひずみを限界値として照査することとした。

耐震性能2の残留ひび割れ幅照査をする場合の鉄筋ひずみは，線形解析による場合には応答値から，解説 図8.3.1 に示す方法により求めるものとし，非線形解析による場合には応答値から直接求めるものとする。

一般の線形解析による応答値が，コンクリートの引張応力度以上となる場合の鉄筋ひずみの算定は，以下の通りとする。

（ⅰ）軸引張応力の場合
軸引張応力の場合は次式により求める

$$\varepsilon_{qs} = \frac{Q_s}{\sum A_p E_p + \sum A_s E_s} \tag{解 8.3.1}$$

8 耐震性の照査

```
        ┌──────────┐
        │   応答値   │
        └─────┬────┘
              ↓
        ◇ 断面力＞ひび割れ発生断面力 ◇ ──NO──→ ┌──────────────┐
              │                              │ 耐震性能2の照査省略 │
             YES                             └──────────────┘
              ↓
    ┌──────────────────┐
    │ コンクリートの引張領域を │
    │ 無視して鉄筋ひずみ εₛ 算定│
    └─────────┬────────┘
              ↓
    ┌──────────────────┐
    │    耐震性能2の照査    │
    │ εₛと残留ひび割れ幅に対する│
    │ 鉄筋ひずみの限界値との比較│
    └──────────────────┘
```

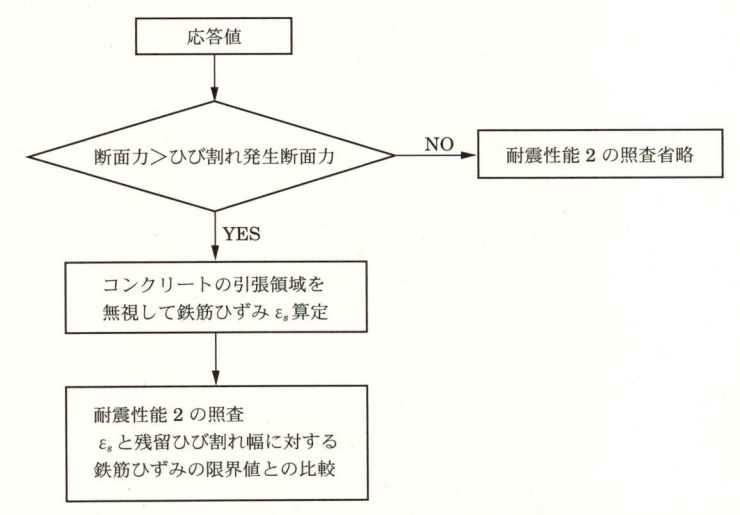

解説 図8.3.1　線形解析の場合の耐震性能2に対する照査フロー図

ここに，ε_{qs}：軸引張による側壁PC部材断面の鉄筋のひずみ
　　　　Q_s：単位幅当たりに作用する軸力
　　　　A_p：単位幅当たりに配置されたPC鋼材の断面積
　　　　E_p：単位幅当たりに配置されたPC鋼材のヤング係数
　　　　A_s：単位幅当たりに配置された鉄筋の断面積
　　　　E_s：単位幅当たりに配置された鉄筋のヤング係数

(ⅱ)　曲げ引張応力の場合

　曲げ引張応力の場合は，引張域の剛性を無視した**解説 図**8.3.2に示す平面保持の仮定よりε_{st}を求める。PC部材の事例図であるが，RCの場合には，図においてPC鋼材のない場合を考えればよい。

(3)について　　PC部材およびRC部材の部材断面破壊の照査は，以下に示す方法により照査するものとする。

(ⅰ)　PC部材円周方向軸耐力について

　側壁PC部材の円周方向については，$\theta=180°$位置の軸引張力について式(解8.3.2)により照査するものとする。

$$\gamma_i \cdot \frac{Q_d}{Q_{ud}} \leq 1.0 \tag{解8.3.2}$$

ここに，Q_{ud}：部材の保有する設計円周方向引張耐力
　　　　Q_d：設計水平震度k_{h_2}により計算された地震時荷重が作用したときの弾性解析により求められた円周方向軸引張力
　　　　γ_i：構造物係数（＝1.0）

(ⅱ)　PC部材およびRC部材の曲げ耐力について

　側壁PC部材およびRC部材と底版の曲げ耐力は，式(解8.3.3)により照査するものとする。一般のPCタンクにおいては，$\theta=180°$の位置において検討すればよい。

Ⅱ 貯水用円筒形PCタンク設計マニュアル編

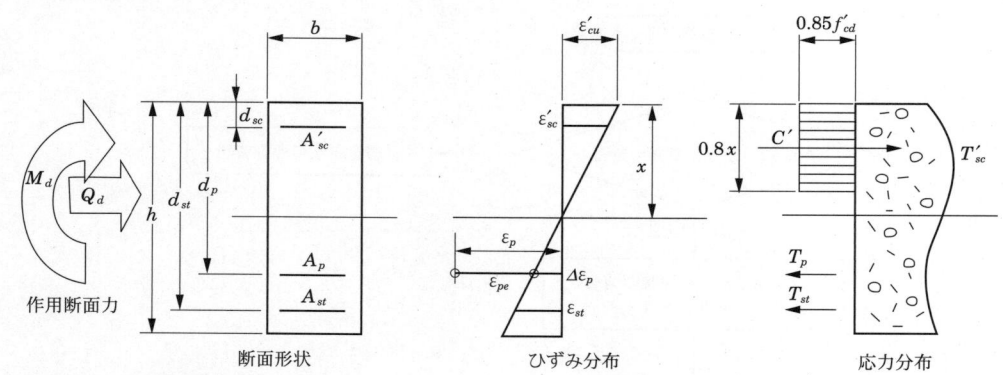

使用している記号は下記の通り

- A'_{sc} ：圧縮鉄筋の断面積
- A_{st} ：引張鉄筋の断面積
- A_p ：PC鋼材の断面積
- d_{sc} ：圧縮鉄筋の有効高さ
- d_{st} ：引張鉄筋の有効高さ
- d_p ：PC鋼材の有効高さ
- h ：部材断面の高さ
- b ：部材断面の幅（単位幅＝100 cm）
- x ：部材断面の中立軸から圧縮縁までの距離
- ε'_{cu} ：コンクリートの圧縮終局ひずみ（＝0.0035）
- ε'_{sc} ：圧縮鉄筋のひずみ
- ε_{st} ：引張鉄筋のひずみ

- ε_p ：PC鋼材の全ひずみ
- $\Delta\varepsilon_p$ ：PC鋼材の増加ひずみ
- ε_{pe} ：PC鋼材の有効引張応力度におけるひずみ

$$\varepsilon_{pe}=\frac{P_e}{A_p\cdot E_p}$$

- C' ：部材断面に生じるコンクリートの圧縮応力度の合力
  $C'=0.8\cdot x\cdot b\cdot 0.85\cdot f'_{cd}$
- f'_{cd} ：コンクリートの設計圧縮強度
- T'_{sc} ：圧縮鉄筋の圧縮応力度の合力
- T_{st} ：引張鉄筋の引張応力度の合力
- T_p ：PC鋼材の引張応力度の合力

注）鉄筋，PC鋼材の応力－ひずみ曲線は材料の設計値より定める。

解説 図8.3.2 曲げ引張応力の場合の鋼材ひずみの求め方

$$\gamma_i\cdot\frac{M_d}{M_{ud}}\leq 1.0 \tag{解8.3.3}$$

ここに，M_{ud} ：設計曲げ耐力

　　　　M_d ：設計水平震度 k_{h_2} により計算された地震時荷重が作用したときの弾性解析により求められた鉛直方向曲げモーメント

　　　　γ_i ：構造物係数（＝1.0）

なお，M_{ud} は，断面緒元より，以下の仮定に基づいて算定するものとする。

① 繊ひずみは断面の中立軸からの距離に比例する。

② コンクリートの引張応力は無視する。

③ 部材断面のひずみがすべて圧縮若しくは引張となる場合以外は，コンクリートの圧縮応力度の分布を等価応力ブロックと仮定してよい。

9 耐久性の照査

　一般的な PC タンクの耐久性は，応答値の鉄筋応力度から求められるコンクリートの表面ひび割れ幅が，**表** 9.1 の環境条件，かぶりにより定まる鋼材腐食に対するひび割れ幅の限界値以下であることを確認することにより照査するものとする。

表 9.1　鋼材腐食に対するひび割れ幅の限界値（mm）

一般の環境	腐食の環境
$0.005c$	$0.004c$

注）　c：コンクリートのかぶり厚さで 100mm 以下を標準とする

【解　説】

　PC タンクの照査項目として，塩化物イオン侵入に伴う鋼材腐食，中性化および凍結融解が考えられるが，一般的な設計施工を行うことで，耐久性の条件が満足されることより，これらの照査は省略するものとした。

　ここに示す耐久性に対するひび割れ幅の照査は，Ⅰ編 6 章の供用性の場合と同様の検討でよい。本照査では，PC 部材では検討する必要がなく，RC 部材に適用されるものであり，曲げモーメントおよび軸方向力によるコンクリートの引張応力度がコンクリートの曲げ強度より小さい場合には照査しなくてもよい。

　また，RC 部材のひび割れ幅の照査においては，供用性と耐久性とを比較して，厳しい方のひび割れ幅を限界値として照査すればよい。

　鋼材腐食に対する耐久性の環境区分は，Ⅰ編 9 章の**解説 表** 9.3.1 に示される通りである。一般的には，PC タンクがとくに厳しい腐食性環境で建設されることはないと判断される。水道用 PC タンクの塩素滅菌された内容水を考慮する場合，および PC タンク外面に塗装が施される場合には，**解説 表** 9.1 を考慮して環境区分を決定すればよいものとする。

解説 表 9.1　水道用 PC タンクの環境条件の区分

部位	条件	環境条件の区分
部材内面	有効な防食塗装あり	一般の環境
	有効な防食塗装なし	腐食性環境
部材外面	有効な塗装あり	一般の環境
	有効な塗装無し	環境条件より定まる

10 基礎の安全性照査

10.1 一 般

（1） PCタンクの基礎には，PCタンクの供用時および地震時に作用する荷重を安全に支持地盤に伝達するものとし，一般的に直接基礎および杭基礎を採用するものとする。
（2） 基礎の耐震照査は震度法により行う。レベル1地震動およびレベル2地震動の設計水平震度は8.2節により求めるものとする。ただし，レベル2地震動における構造物特性係数は，$C_s=1.0$とする。
（3） 農業用PCタンクの場合には，レベル2地震動に対する検討を省略してよい。

10.2 基礎の設計作用力

基礎構造の作用力は，PCタンク本体に作用する荷重から求まる鉛直力，水平力および転倒モーメントとする。

【解 説】
　PCタンクの重量はドーム，側壁，底版の躯体重量および内容水の重量の合計である。PCタンク躯体重量に関する水平力は，PCタンク躯体重量に設計地震動の水平震度を乗じて求め，その転倒モーメントは，この水平力に重心位置高さを乗じて求める。内容水の水平力および転倒モーメントは，内容水の地震時動水圧の影響を衝撃力と振動力に分けて求めるHousnerの耐震計算法もしくは速度ポテンシャル理論により算定するものとする。

10.3 直接基礎

（1） 供用時およびレベル1地震動に対する安全性照査を行う。
（2） 安全性照査は，PCタンクの重量および作用荷重より，PCタンクに作用する水平力，転倒モーメントを求めて，支持力，転倒，滑動について行う。
（3） 変位に対する安全性照査は，PCタンクを含む施設の要求性能に応じて検討する。

【解 説】
（1）について　直接基礎においては，供用性およびレベル1地震動の耐震性の照査を行えば，レベル2地震動の耐震性の照査を行わなくてよい。
（2）について　直接基礎の安全性照査は，解説 図10.3.1に示す鉛直力 W，水平力 H，転倒モーメント M に対して検討を行う。

10 基礎の安全性照査

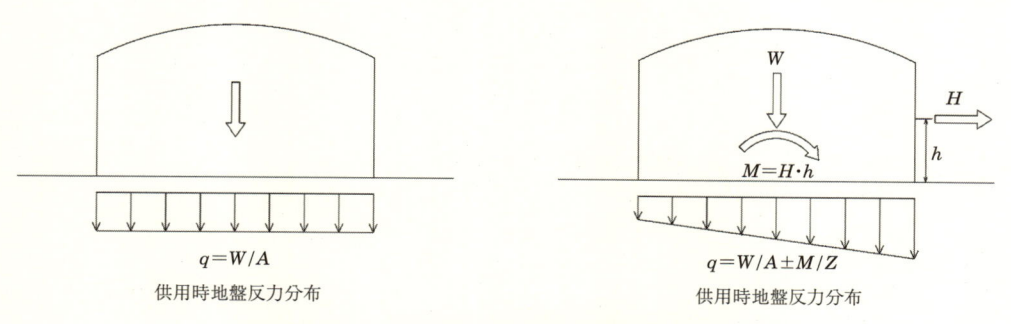

解説 図10.3.1　PCタンク直接基礎に作用する地盤反力分布

（ⅰ）支持力について

支持力に対する安全性照査は，PCタンクに作用する重量，水平力および転倒モーメントより，式（解10.3.1）により求められた地盤反力が，供用時および地震時の地盤支持力の限界値以下であることを確認することにより行う。

$$q_{\max} = \frac{V}{A} + \frac{M}{Z} < q_a \qquad (解10.3.1)$$

ここに，V：底版底面に作用する鉛直荷重
　　　　M：底版底面に作用する転倒モーメント
　　　　A：底版の断面積
　　　　Z：底版の断面係数
　　　　q_a：地盤支持力の限界値

（ⅱ）滑動について

滑動に対する安全性の照査は，式（解10.3.2）より，PCタンクに作用する水平力が，地盤と底版との間に保持されるせん断抵抗力の限界値以下であることを確認することにより行う。

$$R_a = \frac{1}{n} R_u > H \qquad (解10.3.2)$$

$$R_u = C'_B A' + V_B \tan\phi_B$$

ここに，R_u：底版底面と地盤との間に働くせん断抵抗
　　　　V_B：底版底面に作用する鉛直力
　　　　A'：底版底面の有効載荷面積
　　　　C'_B：底版底面と地盤との間の粘着力（$=0\mathrm{kN/m^2}$）
　　　　ϕ_B：底版と地盤との間の摩擦角（土とコンクリートの間に栗石を敷くので $\tan\phi_B = 0.6$）
　　　　n：安全率（常時1.5，地震時1.2）
　　　　H：PCタンクに作用する水平力

（ⅲ）転倒について

転倒に対する安全性の照査は，式（解10.3.3）より，底版底面における荷重の作用位置が**解説 図10.3.2**に示す条件を満足することを確認することにより行う。

$$e = D_a/2 \qquad (解10.3.3)$$

$$D_a = D - 2D/n$$

Ⅱ 貯水用円筒形PCタンク設計マニュアル編

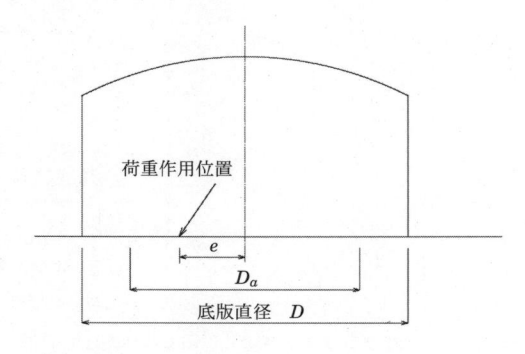

解説 図10.3.2 PCタンクの転倒に対する安全性照査

ここに，D_a：転倒に対して安全な荷重作用範囲
　　　　D：底版の直径
　　　　n：安全率に関する係数
　　　　　　供用時　$n=3$
　　　　　　地震時　$n=6$

（3）について　　直接基礎の変位に対する照査は，とくに，圧密沈下が予想される場合等に必要に応じて行うものとする。変位に対する照査では，例えば基礎の変位によるPCタンクと配管との間の相対変位を求め，機能上支障をきたさないことを確認することにより行う。

10.4 杭基礎

（1）　供用時およびレベル1地震動に対する検討は，基礎地盤および杭本体の安全性に対する照査を行う。
（2）　レベル2地震動の安全性照査は，レベル2地震動の設計水平震度に0.5を乗じた値を設計水平震度とし，レベル1地震動に対する照査と同様に基礎地盤および杭本体の安全性に対する照査を行うことを基本とする。
（3）　作用する荷重がバランスよく基礎に伝達されるように杭を配置するものとする。
（4）　杭基礎における底版と杭の結合は，剛結合あるいはヒンジ結合とし，結合部に生じる応力に対して安全な構造とする。

【解　説】
（1）について　　杭基礎の安全性照査は，「道路橋示方書【Ⅳ下部構造編】・同解説」，Ⅰ編10章10.8節に準じて，基礎地盤および杭本体に対し，以下の事項について行うものとする。
（ⅰ）　杭の軸方向押込み力は，地盤条件，施工方法等を考慮した支持力の限界値以下とする。
（ⅱ）　杭の軸方向引抜き力は，地盤条件，施工方法等を考慮した引抜き抵抗力の限界値以下とする。
（ⅲ）　杭基礎における変位は，杭体および地盤条件を適切に考慮し算出するものとする。レベル1地震動における杭基礎の水平方向変位は，過去の実績を参考にして15mmを限界値とする。

10 基礎の安全性照査

(iv) 杭基礎における杭の応答値は，底版を剛体，杭および地盤を杭の鉛直方向ばね定数および水平方向ばね定数で評価した線形弾性体として算定し，各種杭材より定まる限界値以下であることを確認するものとする。

(2)について　　レベル2地震動の安全性照査は，本条文の方法で行うことを基本とする。なお，基礎の変形性能を考慮して求めた杭の応答塑性率が，杭基礎の塑性率の限界値である4程度以下であることを照査する方法を採用してもよいこととする。

(3)について　　杭は，側壁下端近傍および底版外周部は円周状に中央部は格子状に配置することを標準とする（**解説 図**10.4.1 参照）。

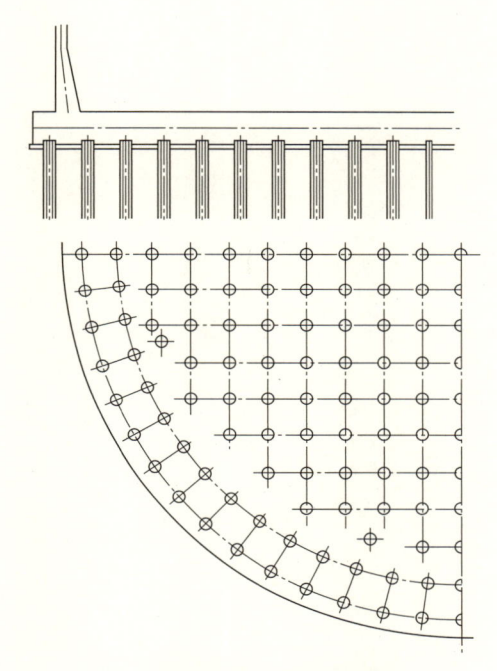

解説 図10.4.1　杭の配置例

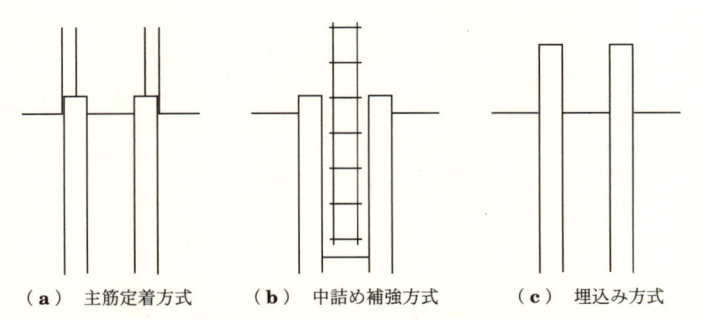

（a）主筋定着方式　　（b）中詰め補強方式　　（c）埋込み方式

注）1.（a）および（b）の方式では，通常，杭体を10 cm程度埋め込む。
　　2.これらの方式を組み合わせたものも多い。

解説 図10.4.2　杭頭補強の例

(4)について　　杭の結合方法は，荷重条件および地盤条件を勘案し選定する。なお，杭に引抜きを生じるような条件のもとでは剛結合とする。その場合の杭頭補強の事例を**解説　図10.4.2**に示す。

III 貯水用円筒形PCタンク施工マニュアル編

1 一 般

本マニュアルは地上に建設されるPCタンクの性能を実現するために，とくに施工上必要となる事項の標準を示すものである。

【解　説】

PCタンク標準的な施工フローおよび施工概要を**解説 図1.1**，**解説 図1.2**に示す。

本マニュアルで述べていない事項については「コンクリート標準示方書【施工編】」（土木学会）等を参考とする。

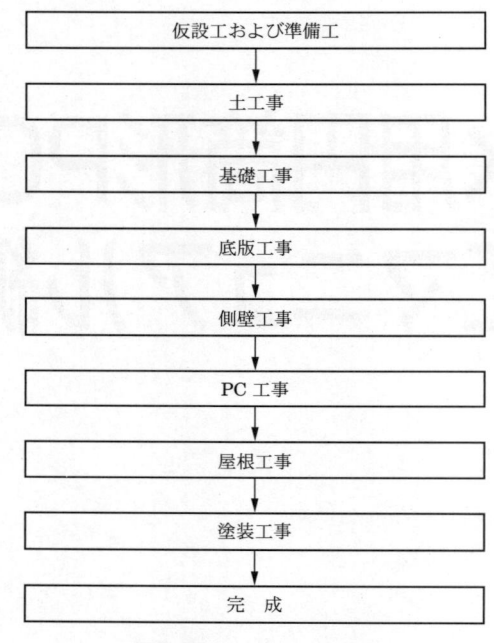

```
仮設工および準備工
      ↓
    土工事
      ↓
    基礎工事
      ↓
    底版工事
      ↓
    側壁工事
      ↓
    PC工事
      ↓
    屋根工事
      ↓
    塗装工事
      ↓
    完　成
```

解説 図1.1　施工のフロー

1 一　般

土工事 　　　　　　　基礎工事 　　　　　　底版工事

側壁工事 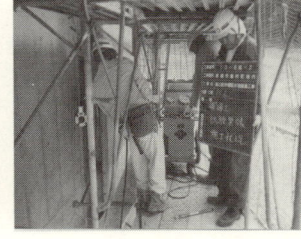　　　　　　PC工事 　　　　　　　屋根工事

塗装工事 　　　　　　完　成

解説 図1.2　施工概要

2 土 工 事

掘削は所定の深さまで掘り下げ，不陸が生じないように施工しなければならない。

【解　説】

　掘削は，PC タンクの施工に支障のない程度の掘削面積を確保し，必要に応じ適切な土留めを施す。また，所定の深さまで掘削用機械にて掘り下げ，底面を攪乱しないようすきとり，不陸が生じないように施工しなければならない。

　湧水に対する水替えは，床堀り内に滞留しないように排水する必要がある。外足場および進入路の必要な場合は，適宜掘削形状を考慮する。

3　基礎工事

> PCタンクの基礎は，上部構造であるPCタンクに作用する荷重を確実に支持地盤に伝達し，安定性を確保しなければならない。そのため，施工前の地質調査や平板載荷試験による地盤耐力の確認を行い，適切な施工を実施しなければならない。

【解　説】
　PCタンクの基礎は，PCタンクの安定性確保を目的に適切な基礎形式を選定する。PCタンクの基礎形式としては，直接基礎と杭基礎が用いられる場合が多い。直接基礎では，支持地盤の地耐力を把握する目的で平板載荷試験を実施する場合がある。また，杭基礎では，杭体を適切な施工方法で地盤内に設置し，杭と地盤とが共同して上部構造からの荷重を支持することにより，はじめて所定の機能を発揮することができる。したがって，運搬，建て込み時や打込み時に杭体が破損したり，不適切な打設による地盤の緩みから設計図書に示された所要の支持力を確保できなくなるなどの事態が生じないように，各施工方法の特徴およびその適用条件を十分理解して施工することが必要である。

4 底版工事

底版工事では，側壁との結合方法に留意して施工を行わなければならない。

【解 説】

　型枠および鉄筋はコンクリートの打設時の振動や側圧等により移動しないよう，十分堅固に組立てなければならない。打継目は構造物の弱点となりやすいので，一区画内のコンクリートは，打込みが完了するまで連続して打ち込まなければならない。また，分割施工を行う場合は，打継面のレイタンス処理を必ず行いコンクリートを打設する。

　底版と側壁との結合方法は，自由支持，ヒンジ支持および固定支持の3種類がある。**解説 図 4.1**に示すように，これら構造に配慮して底版は施工しなければならない。

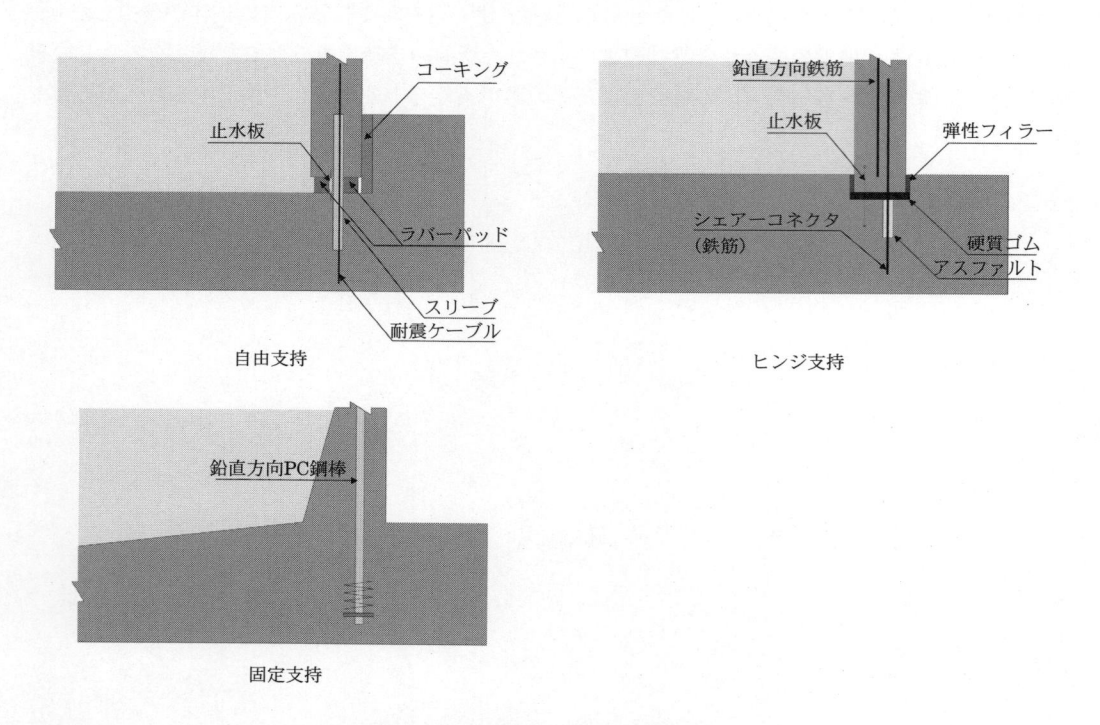

解説 図 4.1 底版と側壁との結合方法

　鉛直 PC 鋼棒を設置する場合には底版施工前に外部足場と鋼棒固定用ブラケットを用いて PC 鋼棒を設置する必要がある。**解説 図 4.2**に鉛直 PC 鋼棒の設置例を示す。

4 底版工事

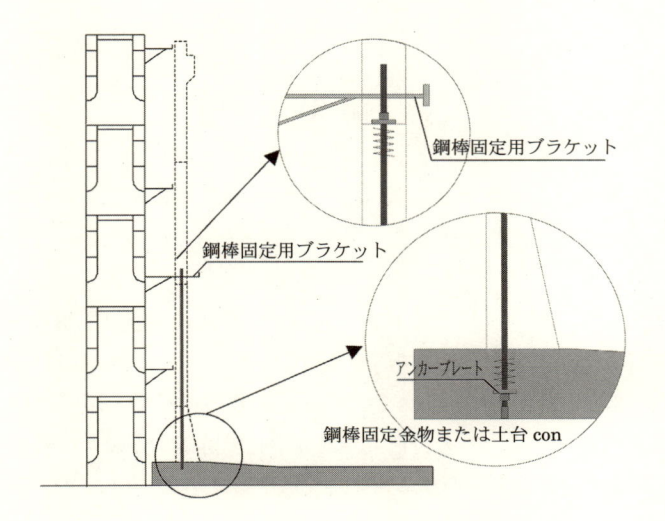

解説 図 4.2 鉛直 PC 鋼棒の設置例

5 側壁工事

側壁工事では，側壁の垂直度および真円度を確保するように施工しなければならない。

【解　説】
側壁の構築方法として，現場打ちコンクリートとプレキャスト部材を用いる工法がある。
（ⅰ）　現場打ちコンクリートを用いて施工する方法
　側壁の構築は，解説 図5.1 に示すように外部足場と内部足場を用いて施工する方法が一般的である。側壁は，1ロット当たりの打設高さを1.8mで構築するのが一般的であり，各ロットごとに鉄筋，PC鋼材の設置および型枠の組立てを行い，その後，コンクリートを打設する。

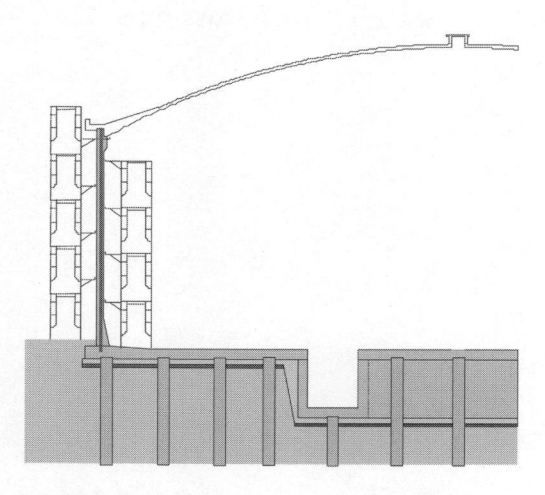

解説 図5.1　現場打ちコンクリートによる側壁の施工例

　側壁の構築方法としては，上記方法の他に，型枠を連続して上昇移動させながらコンクリートを打設するスリップフォーム工法や，大型型枠を用いて一度に数段のコンクリートを施工する工法等がある。
　側壁の施工においては，施工条件により，コンクリートの水和熱に起因する温度ひび割れが問題となる場合がある。このような場合には，適切な温度ひび割れ制御対策を講じる必要がある。
（ⅱ）　プレキャスト部材を用いて施工する方法
　プレキャスト部材にはPC構造（鉛直方向）とRC構造がある。部材の垂直度は建込ごとに下げ振りおよび水準器で確認する。部材の位置決め，倒れの確認後，部材同士の連結を行う。プレキャスト部材建込後に縦目地間のシースや鉄筋を組み立て，無収縮モルタルを打設する。

5　側壁工事

解説 図5.2　プレキャスト部材による側壁の施工例

6 ＰＣ工事

6.1 緊 張 工

　緊張材は，それを構成するおのおのの緊張材に所定の引張力が与えられるように緊張しなければならない。また，緊張材を順次緊張する場合は，各段階においてコンクリートに有害な応力が生じないようにしなければならない。

【解　説】

　側壁において，鉛直方向と円周方向の両方にプレストレスを導入する場合には，導入順序として，先に鉛直方向プレストレスを導入してから円周方向プレストレスを導入することを原則とする。これは，円周方向プレストレスによる側壁鉛直方向曲げモーメントが大きく，これに起因する曲げひび割れが懸念されるからである。

　また，ドームリング部の円周方向プレストレスは，ドーム屋根完成後に導入することを原則とする。これは，屋根荷重によるドーム水平スラストと，ドームリング部プレストレスとが釣合うことで，球形ドームの膜応力状態が成立するからである。

　円周方向の緊張材を定着するピラスターは，4箇所以上の偶数箇所で等間隔に配置されるのが一般的である。導入プレストレス力は，緊張材の摩擦等により減少し円周方向に均一とはならない。したがって，プレストレス力ができるだけ均一となるよう，解説 図6.1に示すような，上下段緊張材の定着位置を交互にずらして緊張を行うのが一般的である。

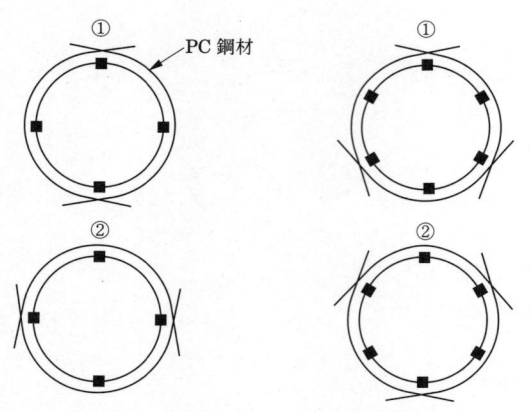

①－②－①－のように上下に，交互に緊張する。
■ はピラスターの位置
　　ピラスターが4ヶ所の場合　　　　ピラスターが6ヶ所の場合
解説 図6.1　ピラスターの配置と緊張材の定着の関係

6.2 PCグラウト工

PCグラウトは品質のばらつきが少なく，ダクト内を充填して緊張材を被覆し，鋼材腐食させないように保護するとともに，部材コンクリートと緊張材とを付着により一体とするものでなければならない。

【解　説】

　PCグラウトの目的は，① PC鋼材を腐食から保護すること，② PC鋼材と部材コンクリートの間に一体性を確保することである。PC鋼材の腐食が進行すると，その断面が減少し，破断による耐荷力の急激な低下を引き起こし，構造物に著しい損傷をもたらすこともある。また，コンクリートとの付着が不完全であると，ひび割れが生じた場合，ひび割れが集中するとともにその幅が大きくなり，構造物の耐久性を損なうことになる。したがって，シース内の空隙には，この2つの目的が満足されるようにグラウトを充填しなくてはならない。また，グラウト材料自体に腐食性の物質が含まれていないようにしなければならない。

　近年，構造物の耐久性向上を目的として，PCグラウトの代わりにエポキシ樹脂系の材料をあらかじめシース内に充填しておき，これをプレストレス導入後に硬化させ付着をとらせる方法（以下プレグラウト）を用いる例がある。

　グラウト工に関する詳細事項は，「PCグラウト＆プレグラウトPC鋼材施工マニュアル」等を参考とする。

6.3 アンボンドおよびプレグラウトPC鋼材の施工

緊張材としてアンボンドもしくはプレグラウトPC鋼材を使用する場合には，各材料の特徴，施工方法およびその適用条件を十分理解して施工を行わなければならない。

【解　説】

　アンボンドおよびプレグラウトPC鋼材は，配置の際に，鉄筋や型枠等でのひっかけや，こすり等によりシースを損傷させないよう十分注意して施工しなければならない。

　プレグラウトPC鋼材には，熱硬化型や湿気硬化型があり，その硬化の経時性状を十分に把握して施工計画を立てなければならない。

7 屋根工事

屋根工事では，各種工法の特徴およびその適用条件を十分理解して施工を行わなければならない。

【解　説】

一般的な屋根の構築方法として，現場打ちコンクリートとプレキャスト部材を用いるコンクリートによる工法とアルミ部材を用いたアルミドーム屋根工法がある。

（ⅰ）　現場打ちコンクリートを用いて施工する方法

屋根の構築は，解説 図7.1 に示すように内部支保工を用いて施工する方法が一般的である。

屋根は，内部支保工設置後，型枠および鉄筋の組み立てを行い，その後，コンクリートを打設する。コンクリートは一般的に縁端部から打設する。

屋根の構築方法としては，上記方法の他に，解説 図7.2 に示すように PC タンク内に供給する空気圧で支えられた膜材とその上に施工されるモルタルシェルを型枠支保工として屋根を構築する空気膜型枠工法がある。

膜材は固着残存させることでコンクリートの防食材としても有効利用することができる。

（ⅱ）　プレキャスト部材を用いて施工する方法

プレキャスト部材を用いて屋根を施工する工法としては，パラソルタイプとドームタイプの2種類がある。

・パラソル（スラブ）タイプ　　パラソルタイプの屋根は支柱，受台，屋根部材の3種類のプレキャスト部材で構成されている。施工は，① プレテンション部材の支柱下端に設置したベースプレートを底版部に埋め込まれたアンカーボルトによって固定し，② 受け台を設置し，③ 受け台部の支承（可動）と側壁上の支承（固定）を設置し，④ 屋根部の組み立て，⑤ 目地部の施工を行い完成する。屋根の組み立て精度は側壁，支柱部の組立誤差に影響を受ける。したがって，屋根部の組み立て前に測量を行い，組み立て位置の確認を行っておく必要がある。

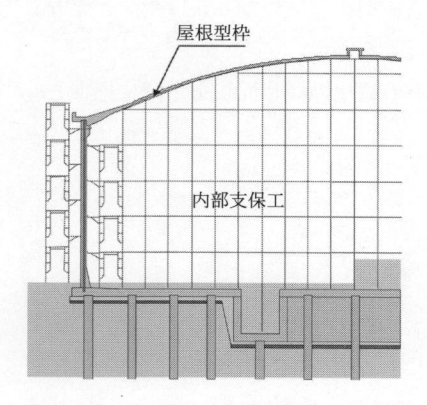

解説 図7.1　現場打ちコンクリートによる屋根の施工例（固定支保工）

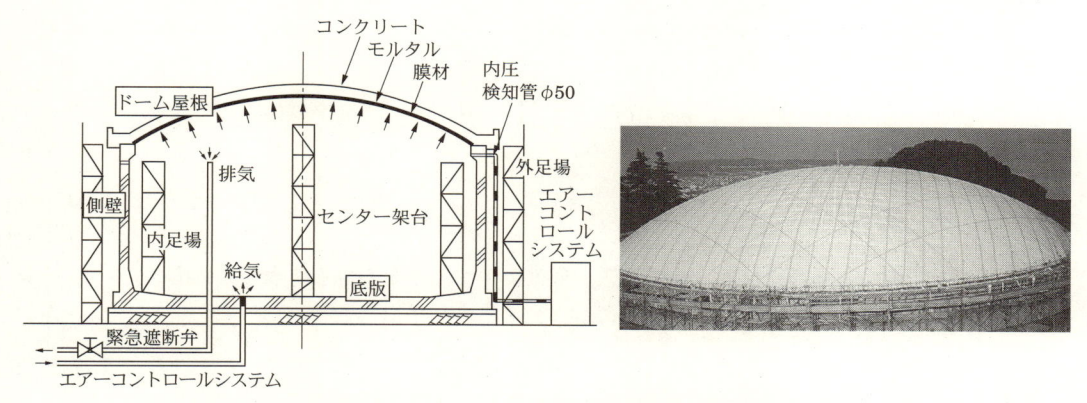

解説 図7.2 現場打ちコンクリートによる屋根の施工例（空気膜型枠工法）

・ドームタイプ　ドームタイプの屋根は数種類からなるプレキャスト部材をドーム状に割付，部材間を現場打ちコンクリートで施工し，ドーム縁端部のドームリングにプレストレスを与えて完成させる。

屋根部材支保工はビティー枠，三角柱，四角枠，単管などを用い，上部荷重に対して十分な構造とする。ドーム屋根の組立精度は，支保工の組立精度に大きく影響を受けるので十分に留意しなければならない。

(iii)　アルミドーム屋根工法

従来の鉄筋コンクリート製屋根に代わる，軽量かつ耐久性にすぐれたアルミドーム屋根を側壁上部に設置する工法である。解説 図7.3に施工例を示す。

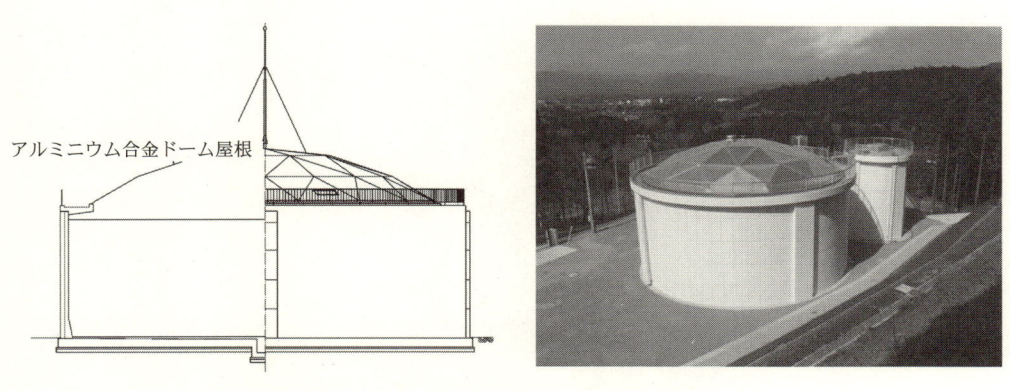

解説 図7.3　アルミドーム屋根工法による施工例

8 塗装工事

8.1 防水工

　屋根外面を防水する場合には，下地の状態，気象条件および期待する防水効果に応じて，それに最も適した防水工法を用いなければならない。

【解　説】
　一般にドーム屋根は，降水量の多寡および密度，単位時間降雨量，降雪にあっては積雪量，温度については年間を通じての温度差，昼夜の温度差等を考慮して，アスファルト防水，モルタル防水，塗膜防水，シート防水等各種工法のうちから最も適したものを選択しなければならない。各種工法の詳細については，「建築工事標準仕様書・同解説 JASS8 防水工事」（日本建築学会）を参照。

8.2 防食工

　側壁内面のコンクリートを保護するために，水道水と接触して，水質に悪影響を及ぼさず必要な物性を備えた防食塗装をするのがよい。

IV 付録:貯水用円筒形PCタンク非線形解析事例

1 概　　要

「水道施設耐震工法指針・解説」（日本水道協会）4章4.3節の円筒形地上水槽の耐震設計例に示されるPCタンクの条件を基にして，耐震性能を照査する場合の静的非線形解析と解動的非線形析の事例を示す。なお，本事例は西尾ら[1]の研究を参考にまとめたものである。

2 解析に用いたPCタンクとモデル化

2.1 解析対象PCタンク

（1） 形状および構造

解析対象のPCタンクは，図1に示す容量10 000m³で，内径35.5m，水深10.2mの形状である。側壁のPC鋼材配置は図2に示す通りである。鉄筋量は0.25%である。

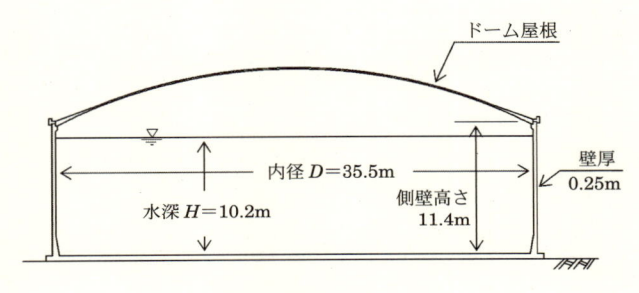

図1 解析対象PCタンク

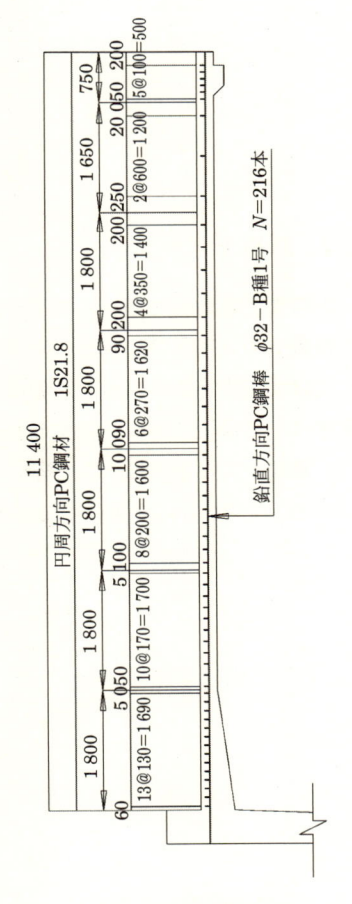

図2 PC鋼材配置図

Ⅳ 付録：貯水用円筒形 PC タンク非線形解析事例

（2）使用材料

表1 使用材料の物性値

コンクリート	圧縮強度	側壁	35.0	(N/mm²)
		屋根	24.0	(N/mm²)
	引張強度	側壁	2.48	(N/mm²)
		屋根	1.91	(N/mm²)
	ヤング係数	側壁	2.98×10^4	(N/mm²)
		屋根	2.50×10^4	(N/mm²)
	ポアソン比		0.2	
	密度		2 450	(kg/m³)
鉄筋（SD-295）	ヤング係数		2.10×10^5	(N/mm²)
	降伏点強度		3.00×10^5	(N/mm²)
PC 鋼材	引張強度	PC 鋼より線 19T21.8	1.85×10^3	(N/mm²)
		PC 鋼棒 φ32-B1	1.10×10^3	(N/mm²)
	ヤング係数		2.00×10^5	(N/mm²)

2.2 解析モデル

　有限要素法解析に用いたモデルは，対称条件より PC タンクの 1/2 を対象とした。本解析は，耐震性能2の「残留ひび割れ幅限界状態」で側壁円周方向の照査に着目した解析であり，側壁の応答に及ぼす底版と基礎地盤の影響は少ないと考えられ，側壁下端部は固定条件とした。ドーム屋根と側壁は一体構造とした。側壁の厚さ方向の応力状態を詳細にとらえるため，その積分点数は7とした。鉄筋および PC 鋼材は，格子状に配筋されていることから，有限要素モデルの中では，鉄筋および PC 鋼材ともに要素の中で平均化された鉄筋比としてモデル化した。

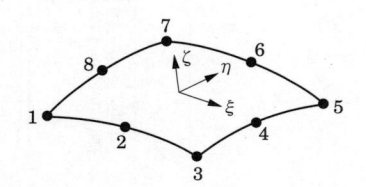

側壁8節点四角形シェル要素　　　　ドーム屋根6節点三角形シェル要素

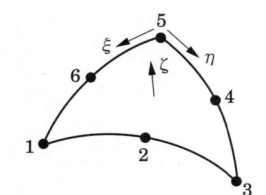

図3　シェル要素

2 解析に用いた PC タンクとモデル化

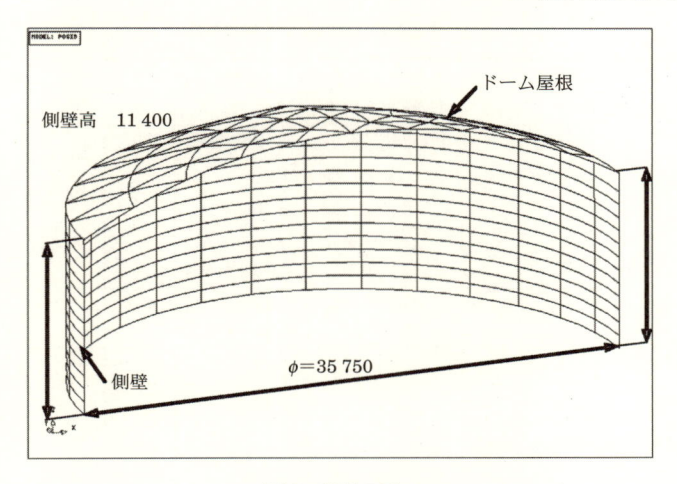

図4 解析モデル

2.3 解析条件

　非線形解析に用いたコンクリートの降伏条件には，式(2.3.1)に示す Drucker-Prager の条件を用い，コンクリートのひび割れは，分布ひび割れモデルによりモデル化を行った。ひび割れ後は，tension sriffening を考慮して引張強度の3倍に相当するひずみ ε_{ut} まで直線的に減少させた。除荷剛性は，圧縮側が初期剛性，引張側は原点指向で与えられる。鉄筋の応力 - ひずみ関係は完全弾塑性型の骨格曲線とし，PC 鋼材はトリリニアの応力 - ひずみ関係とした。なお，鉄筋および PC 鋼材の除荷剛性には簡易的に初期剛性を仮定した。

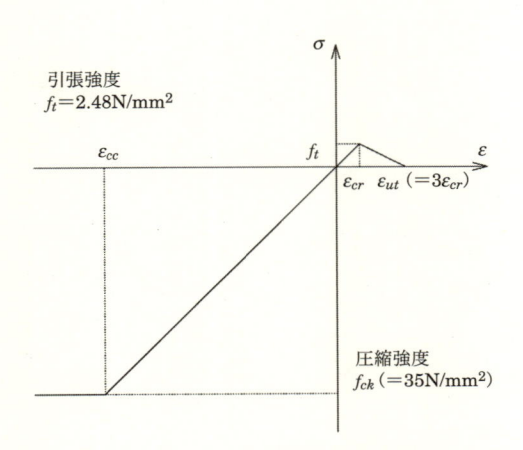

図5 コンクリートの応力 - ひずみ関係

Ⅳ 付録:貯水用円筒形 PC タンク非線形解析事例

表2 非線形解析のコードと解析条件

数値解析		有限要素法
解析コード		汎用有限要素解析システム「DIANA」
構成則	コンクリート	Drucker-Prager の降伏基準[圧縮]
		Tension-Cutoff [引張]
		Tension-Softning ($\varepsilon_u = 3 \cdot \varepsilon_{cr}$)
	鉄筋	応力ひずみ 完全弾塑性バイリニア型骨格曲線 降伏条件 von-Mises の条件
	PC 鋼材	応力ひずみ トリリニア型骨格曲線 降伏条件 von-Mises の条件

$$\sqrt{J_2} + \alpha I_1 - K = 0 \tag{2.3.1}$$

ここに,　J_2:偏差応力の第2不変量

　　　　I_1:応力の第1不変量

　　　　α:材料定数

　　　　K:降伏応力

なお, $\alpha = 0.07$, $K = 0.507 f_{ck}$ とした。

3 静的非線形解析

3.1 荷重条件

解析対象PCタンクのプッシュオーバー解析を行い，塑性化の進展過程を検討した。プッシュオーバー解析は，永久荷重である自重，円周方向プレストレス，鉛直方向プレストレスおよび静水圧による合成応力を初期値として，地震の影響である軀体慣性力と動水圧を重力加速度9.8galごとに漸増載荷する。なお，動水圧は速度ポテンシャル法に基づき側壁に対し垂直に作用させた。

3.2 解析結果

側壁半径方向変位が最大となる位置の，水平震度と変位および円周方向鉄筋ひずみとの関係の解析結果を図6，図7に示す。

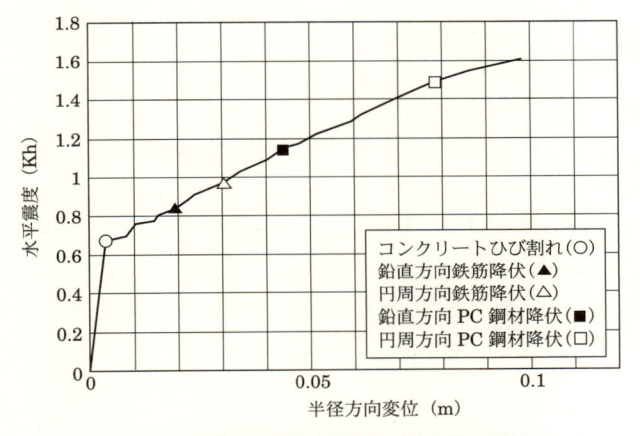

図6 水平震度と側壁中間半径方向変位の関係

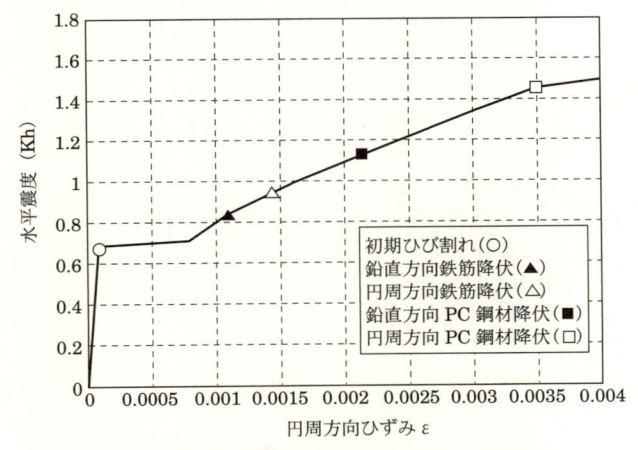

図7 水平震度と側壁中間円周方向鉄筋ひずみの関係

4 動的非線形解析

4.1 荷重条件

内容液に流体要素を用い，側壁との連成を考慮した解析モデル（連成系モデル）では，内容液をも有限要素として分割し，内容液と側壁間には両者の相互作用を考慮するための接触要素も必要となることから全要素数が膨大となり，その非線形動的解析には，多大な計算時間を必要とする。そこで，速度ポテンシャル法により算定される動水圧の影響と等価な効果をもたらす質量を側壁の各節点に与えた付加質量モデルにより，流体要素を用いたPCタンクモデルの簡素化を図った。また，永久荷重（自重，プレストレス，静水圧）によるひずみを初期ひずみとした。動的解析は，直接積分による時刻歴応答解析であり，数値積分にはNewmarkのβ法（$\beta=1/4$）を用い，応答計算の時間刻みは1/500秒を基本とした。また減衰力は，初期剛性比例減衰により与え，内容液と連成振動するタンクの1次固有振動数7.00Hzに対し，モード減衰定数$h=10\%$を適用した。

4.2 荷重と地震動

荷重として，① 自重，② 円周方向プレストレス力，③ 鉛直方向プレストレス力，④ 静水圧，⑤ 地震の影響（平成7年1月 兵庫県南部地震神戸海洋気象台観測波[JMA波形]，平成3年1月釧路沖地震釧路海洋気象台観測波[KSR波形]）を組み合わせる。図8, 9に入力地震波形を示す。釧路沖地震で観測された本地震波は，これまでにわが国で観測されてきた強震記録の中でも，とくに短周期構造物の応答を増幅される加速度波形であり，本規準の対象とするPCタンクの固有周期帯0.1～0.3秒程度において，図10に示されるとおり加速度応答スペクトルは設計地震力を大きく上回る。

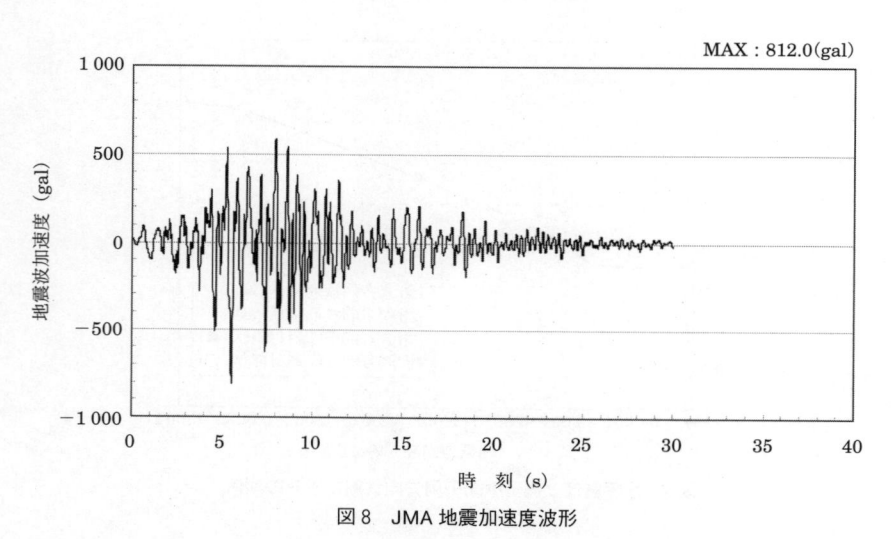

図8 JMA 地震加速度波形

4 動的非線形解析

図9 KSR 地震加速度波形

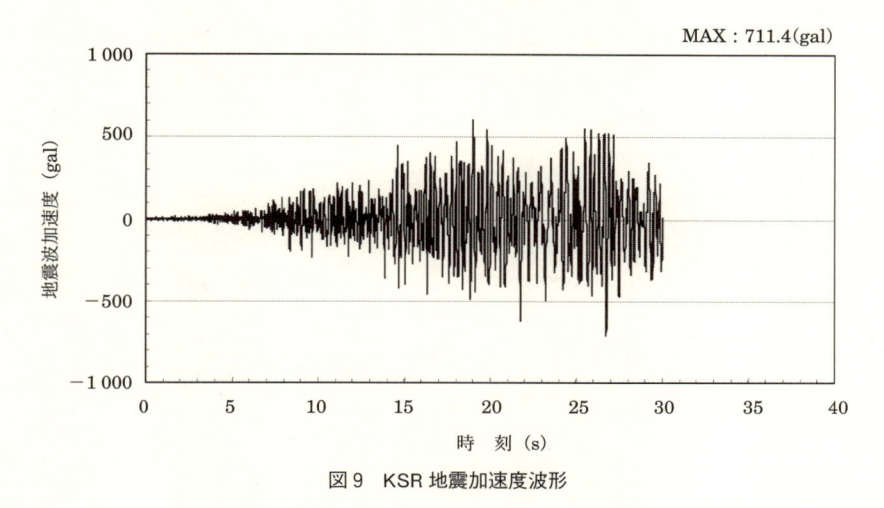

図10 加速度応答スペクトル

4.3 解析結果

側壁半径方向変位が最大となる位置における，円周方向鉄筋ひずみの時刻歴応答解析結果を図11に示す。

Ⅳ 付録：貯水用円筒形PCタンク非線形解析事例

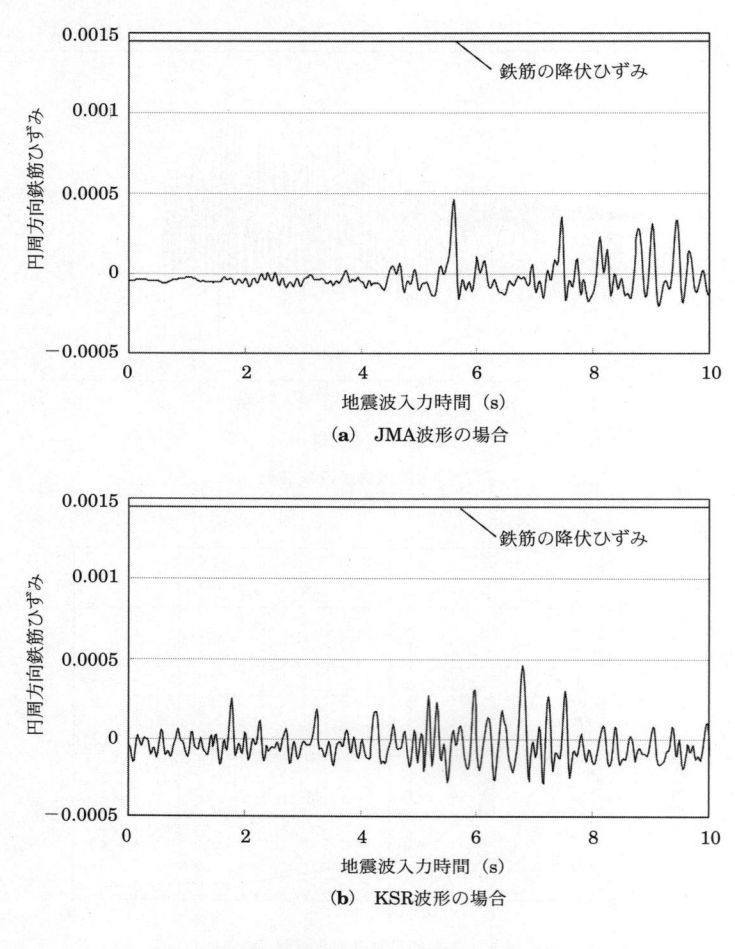

(a) JMA波形の場合

(b) KSR波形の場合

図11 円周方向鉄筋ひずみの時刻歴応答（KSR）

4.4 静的解析と動的解析の比較

側壁半径方向変位が最大となる位置における円周方向鉄筋ひずみに関する静的非線形解析（プッシュオーバー解析），動的非線形解析結果をまとめて図12に示す。図12には，静的線形解析の結果も合わせて示す。本結果より，静的非線形により静的線形解析で検討できないひび割れ発生後のPCタンクの挙動が求まることがわかる。また，動的非線形解析の結果は，静的非線形解析の結果と比較して応答が小さい結果である。

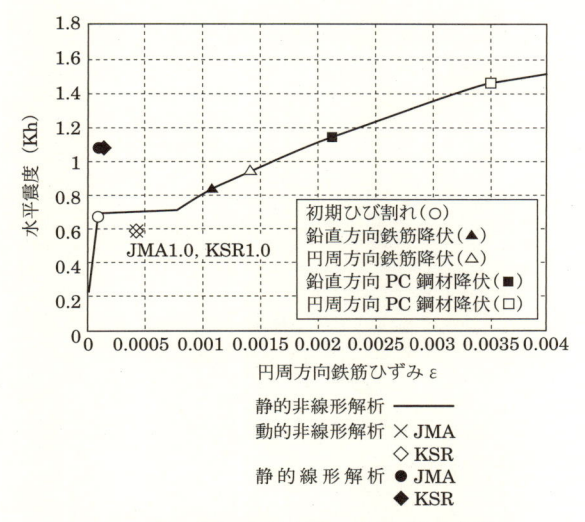

図 12 静的解析と動的解析の比較（側壁中間）

4.5 まとめ

本解析結果より，PCタンクのひび割れ発生後の挙動を静的非線形，動的非線形解析により照査できることが確認できる。とくに，耐震性能2の側壁円周方向の照査には有効と考えられる。静的非線形解析によりひび割れ発生後の挙動がわかり，動的非線形解析により動的挙動を考慮した結果を求めることができる。側壁半径方向変位が最大となる位置における円周方向鉄筋ひずみの地震時応答は，動的非線形解析による場合が小さくなる傾向がわかる。

参考文献

1) 西尾浩志，横山博司，秋山充良，小野雄司，江角真也，鈴木基行：プレストレストコンクリート製タンク側壁のレベル2地震動に対する耐震性能照査，土木学会論文集，Vol.725/V-58, pp.85-100, 2003.2

PC技術規準シリーズ
貯水用円筒形PCタンク設計施工規準　　定価はカバーに表示してあります

2005年11月30日　1版1刷発行　　ISBN 4-7655-1695-4 C3051

編　者　社団法人プレストレストコンクリート技術協会

発行者　長　　滋　彦

発行所　技報堂出版株式会社

〒102-0075　東京都千代田区三番町8-7
（第25興和ビル）

日本書籍出版協会会員
自然科学書協会会員　　　　　電話　営業　(03)(5215)3165
工学書協会会員　　　　　　　　　　編集　(03)(5215)3161
土木・建築書協会会員　　　　FAX　　　　(03)(5215)3233
Printed in Japan　　　　　　振替口座　　00140-4-10
　　　　　　　　　　　　　　http://www.gihodoshuppan.co.jp/

© Japan Prestressed Concrete Engineering Association, 2005　装幀・印刷・製本　技報堂
落丁・乱丁はお取替えいたします。
本書の無断複写は，著作権法上での例外を除き，禁じられています。

社団法人プレストレストコンクリート技術協会編

■PC技術規準シリーズ■

【好評発売中】

外ケーブル構造・プレキャストセグメント工法設計施工規準

ISBN 4-7655-2486-8

B5 判・250 頁

複合橋設計施工規準

ISBN 4-7655-1694-6

B5 判・420 頁

貯水用円筒形 PC タンク設計施工規準

ISBN 4-7655-1695-4

B5 判・140 頁

【以下続刊】

PPC 構造設計施工規準

PC 構造物耐震設計規準

PC 斜張橋・エクストラドース橋設計施工規準

PC 吊床版橋設計施工規準

■技報堂出版　TEL 営業 03(5215)3165　編集 03(5215)3161
　　　　　　　FAX 03(5215)3233